Super M
Mathematik für alle
2

W0211728

Herausgegeben von
Klaus Heinze
Ursula Manten
Gudrun Hütten

Erarbeitet von
Julia Bensel
Heidi Dietz
Matthia Gratzki
Klaus Heinze
Christine Schollmeyer-Lulay

Bearbeitet von
Marion Müller (Magdeburg)
Antje Pennewitz (Wallhausen)
Martina Schiek (Winterstein)
Kerstin Silz (Eberswalde)
Carmen Sobek (Markkleeberg)

Cornelsen

Das war …

Zählen

2, 4, 6, …

20, 18, 16, …

1, 3, 5, …

19, 17, 15, …

Zahlen bis 20

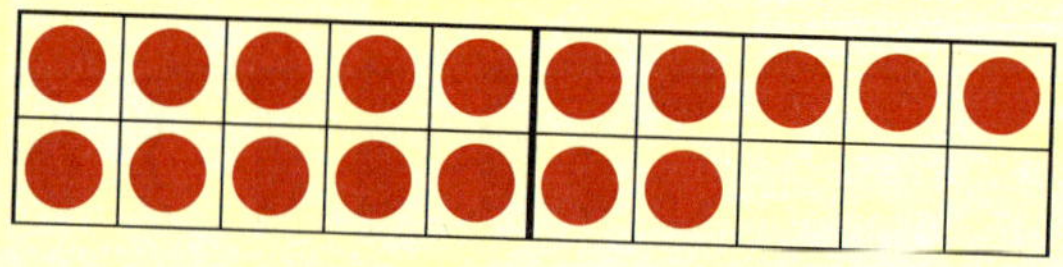

Z	E

Tauschaufgaben

7 + 3 = __
3 + 7 = __

9 + 5 = __
_ + _ = __

Umkehraufgaben

10 − 2 = __
8 + 2 = __

12 − 4 = __
__ + _ = __

Aufgabenfamilien

7 + 8 = 15
_ + _ = 15
15 − 8 = __
15 − _ = __

Zahlenhäuser

10	
0	
1	
2	
⋮	

16	
	0
15	
	2
⋮	

Zahlenmauern

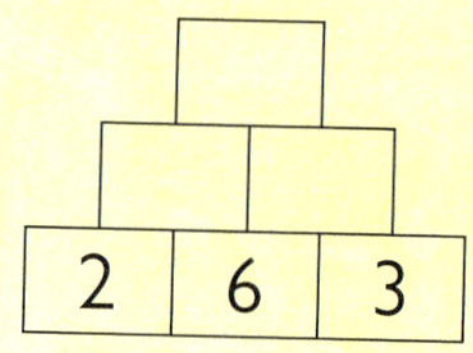

Geometrische Formen

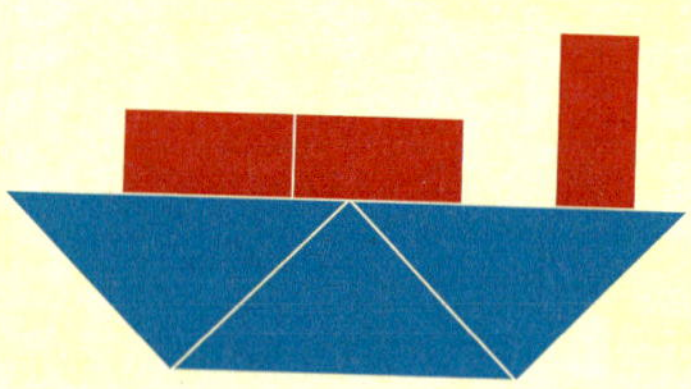

Körper

3	2	3
2	1	2
1	1	1

Geld

Summe: __ ct

Uhrzeit

__ Uhr

__ Uhr

Messen

__ cm

Zahlen bis 100

10 + 10 + 3 = __

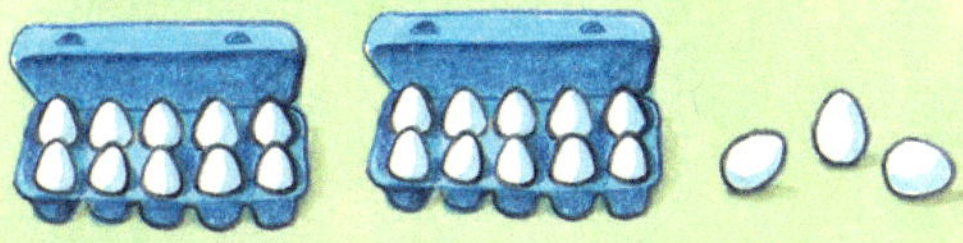

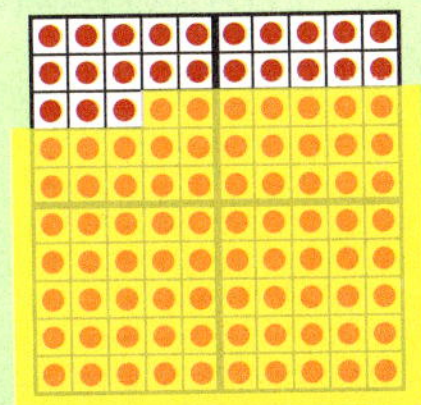

Z	E
2	3

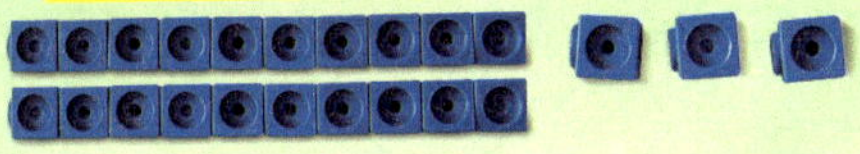

Addition

23 + 40 = __
23 + 42 = __

52 + 20 = __
52 + 24 = __

7 + 6 = __
47 + 6 = __
47 + 36 = __

Subtraktion

65 − 20 = __
65 − 23 = __

78 − 30 = __
78 − 35 = __

14 − 6 = __
84 − 6 = __
84 − 26 = __

Lagebeziehungen

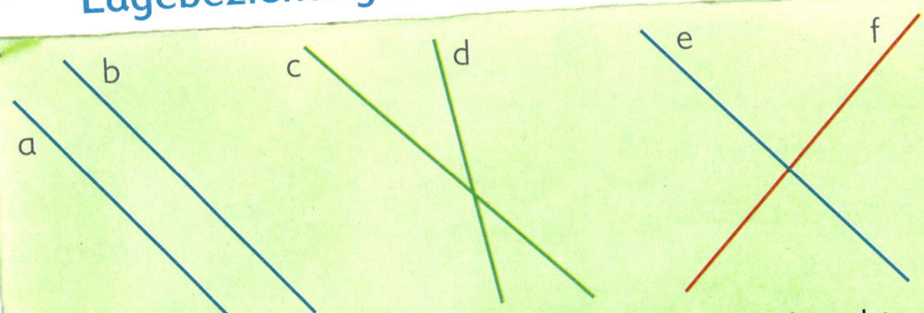

parallel zueinander

schneiden sich

senkrecht zueinander

Malnehmen

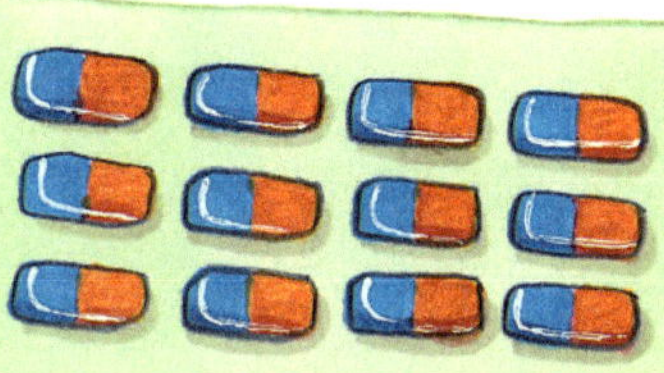

4 + 4 + 4 = 12
3 · 4 = 12
3 mal 4 ist gleich 12

Teilen

12 Bälle an 4 Kinder verteilen
12 : 4 = 3
12 geteilt durch 4 ist gleich 3

Symmetrie

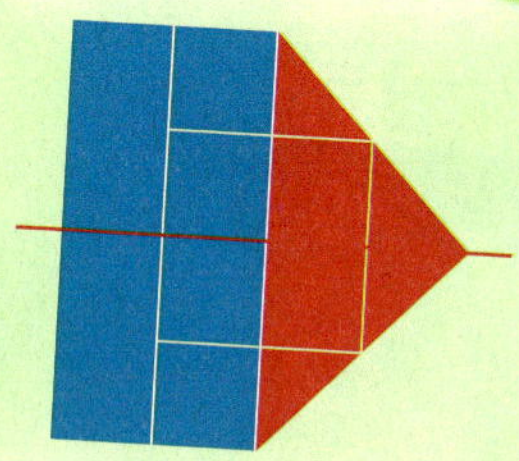

Sachrechnen

3 €

21 €

Messen

1 Meter

Zeit

3.10 Uhr __ Uhr
15.10 Uhr __ Uhr

Ein Jahr hat __ Monate.
Ein Tag hat __ Stunden.
Datum: 13. 9. 2009

Addieren und Subtrahieren bis 20

① Super-Päckchen! Rechne! Wie geht es weiter?

a)	b)	c)	d)	e)
6 + 3	7 + 2	8 + 0	2 + 9	9 + 4
6 + 4	7 + 3	8 + 1	3 + 8	8 + 5
6 + 5	7 + 4	8 + 2	4 + 7	7 + 6
6 + _	7 + _	_ + _	5 + _	_ + _
_ + _	_ + _	_ + _	_ + _	_ + _

Ⓕ Erfinde eigene Päckchen mit Muster!

② Die Grundaufgabe hilft dir!

2	a)		1	6	+	3	=	1	9
				6	+	3	=		9

a)	b)	c)	d)
16 + 3	11 + 8	15 + 4	17 + 3
12 + 3	12 + 6	16 + 2	14 + 6
13 + 6	13 + 5	14 + 5	12 + 8

③ Rechenwege

Wie rechnest du?

a)	b)	c)	d)	e)	f)
7 + 9	8 + 7	4 + 8	9 + 6	5 + 8	9 + 3
5 + 7	2 + 9	5 + 6	8 + 9	6 + 7	5 + 9

④ Rechne geschickt!

4	a)		6	+	4	+	7	=	1	7

a)	b)	c)
6 + 7 + 4	6 + 8 + 4	7 + 8 + 2
2 + 7 + 8	3 + 6 + 7	4 + 5 + 6
9 + 8 + 2	1 + 7 + 9	8 + 7 + 3

1 Rechenpäckchen mit gleitendem Zehnerübergang, Muster erkennen; **2** Analogieaufgaben nutzen; **3** Rechenwege beim Zehnerübergang; **4** Addition mit drei Summanden, geschickt zusammenfassen

E▶1 AH▶4 A▶1

1 Super-Päckchen! Rechne! Wie geht es weiter?

a)	b)	c)	d)	e)
13 − 2	15 − 4	18 − 7	16 − 8	12 − 4
13 − 3	15 − 5	18 − 6	15 − 7	13 − 5
13 − 4	15 − 6	18 − 5	14 − 6	14 − 6
13 − _	15 − _	__ − _	13 − _	__ − _
__ − _	__ − _	__ − _	__ − _	__ − _

f Erfinde eigene Päckchen mit Muster!

2 Die Grundaufgabe hilft dir!

2a) 17 − 4 = 13
7 − 4 = 3

a)	b)	c)	d)
17 − 4	18 − 6	19 − 7	15 − 4
15 − 2	16 − 4	19 − 4	16 − 3
16 − 5	17 − 6	18 − 5	17 − 5

3 Rechenwege

Wie rechnest du?

a)	b)	c)	d)	e)	f)
13 − 8	15 − 6	13 − 9	11 − 7	16 − 8	17 − 9
12 − 9	14 − 7	18 − 9	13 − 5	12 − 7	15 − 8

4 Rechne geschickt!

4a) 13 − 3 − 6 = 4

a)	b)
13 − 6 − 3	15 − 6 − 4
15 − 7 − 5	13 − 8 − 2
14 − 8 − 4	17 − 9 − 1

Zehnerzahlen

① Zeige Zehnerzahlen! Übe mit einem anderen Kind!

1)	Z	E
	4	0

② Zehnerzahlen bis 100

A vierzig B zwanzig C achtzig D einhundert

E siebzig F zehn G fünfzig

H I K

a) Lies die Zahlwörter!
Schreibe sie mit Ziffern!
Welche Zehnerzahlen fehlen?

2a) A: 40 B:

b) Schreibe die Zehnerzahlen der Größe nach auf!

2b) 10, 20, ...

③ Mit Zehnerzahlen rechnen

3a) 30 + 20 = 50
40 + 10 =

a) 30 + 20
40 + 10
50 + 30

b) 60 + 30
40 + 50
10 + 80

c) 90 – 20
70 – 30
50 – 40

d) 100 – 60
90 – 40
80 – 70

④ Ergänzen

4a) 3 + 7 = 10
30 + 70 = 100

a) 3 + ___ = 10
30 + ___ = 100
5 + ___ = 10
50 + ___ = 100

b) 0 + ___ = 10
0 + ___ = 100
2 + ___ = 10
20 + ___ = 100

1 Zehnerzahlen zeigen und nennen; **2** Zehnerzahlen bis 100 lesen, schreiben und ordnen;
3, 4 Analogien zum Zahlenraum bis 10 nutzen

E▸2 AH▸5 A▸2

Unser Geld – Scheine und Münzen

1

1 Euro hat 100 Cent.
1 € = 100 ct

Vergleiche und ordne die Scheine und Münzen!

2 Wie viel Geld ist es?

2a) 8 0 €

a) 

b) 

c) 

d) 

e) 

3 Lege mit Rechengeld! Zeichne!

3a) 20 10

a) 30 € b) 70 € c) 60 €
d) 90 ct e) 80 ct f) 65 ct

4 Lege mit möglichst wenigen Münzen! Zeichne!

4a) 20 20

a) 40 ct b) 60 ct c) 70 ct
d) 100 ct e) 30 ct f) 90 ct

5 Wie viel Geld ist es?

5a) 1 € 2 0 ct

a) 

b) 

c) 

d) 

e) 

6 Lege 100 €! Finde viele Möglichkeiten! Zeichne!

6) 50 50

1 Scheine und Münzen benennen, mit Rechengeld legen, ordnen; 2 Geldbeträge zählen; 3, 4 Geldbeträge legen und zeichnen; 5 Geldbeträge mit zwei Einheiten; 6 100 € legen, viele unterschiedlich komplexe Lösungen sind möglich

E▸2 AH▸5 A▸2

Rechengeschichten

(1)

a) Erzähle Rechengeschichten zu den Kindern!

b) Erfinde eigene Rechengeschichten zu den Schulsachen!

(2) Wie viel kostet es zusammen? Rechne im Heft!

a) 

2a) 2 € + 9 € = ... €

b) 

c) 

(d) 

(3) Wie viel Geld gibt es zurück? Rechne im Heft!

a) 

3a) 10 € – 2 € = ... €

b) 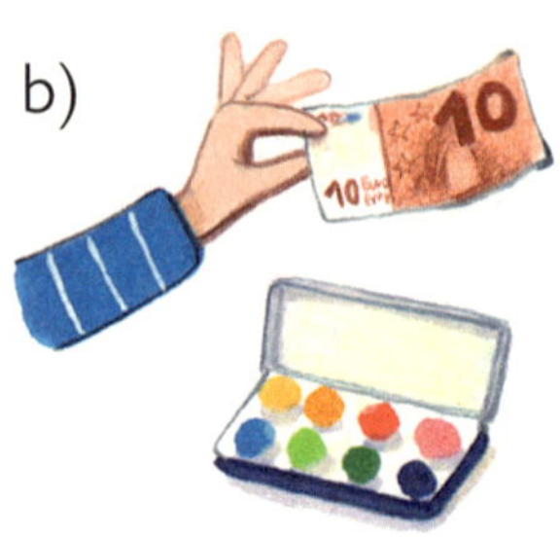

(c) 

1 zu Bildaufgaben Rechengeschichten erzählen; Rechengeschichten erfinden;
2, 3 zu Bildaufgaben Rechenaufgaben notieren

E▸3 AH▸6 A▸3

① Welches Bild passt zur Rechengeschichte?

Jan wünscht sich einen Farbkasten und ein Freundebuch. Er hat noch 20 €.

A

B

C

② Erzähle die Rechengeschichte zum Bild! Welche Frage passt?

A Wie viel € bekommt Niclas zurück?
B Wie viel € kostet es zusammen?
C Wie viel € fehlen Niclas noch?

③ Welche Rechengeschichte passt zur Rechnung 20 € − 7 € = __ € ?

A Alena kauft ein Freundebuch für 8 €.
B Alena hat 20 € gespart. Sie bekommt noch 7 € geschenkt.
C Alena kauft den Farbkasten. Sie bezahlt mit 20 €.

④ Erzähle die Rechengeschichte!
Sieh dir die Frage und die Rechnung an!
Was weißt du jetzt?

Marias Mutter kauft:

Wie viel € muss Marias Mutter bezahlen?

9 € + 3 € = 12 €

Das weiß ich jetzt:

A Sie hat noch 12 €.
B Sie muss 12 € bezahlen.
C Sie bekommt 12 € zurück.

1 der Rechengeschichte ein passendes Bild zuordnen; 2 Rechengeschichte erzählen, passende Frage zuordnen; 3 der Rechnung eine passende Rechengeschichte zuordnen; 4 Rechengeschichte erzählen, eine passende Aussage zuordnen

E▶3 AH▶6 A▶3

Zehner und Einer

1

2
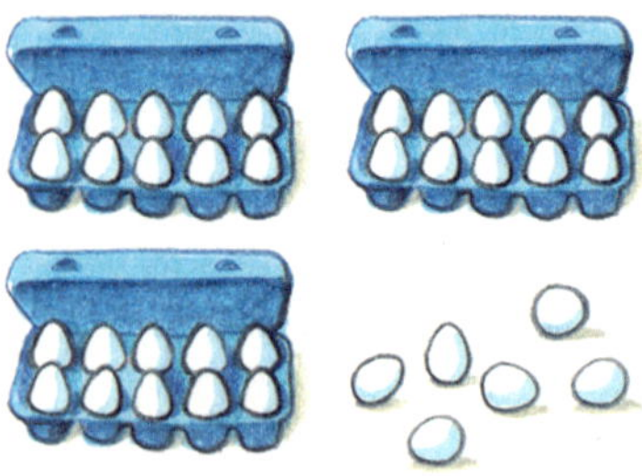

Schreibe wie Max und Lena!

a) 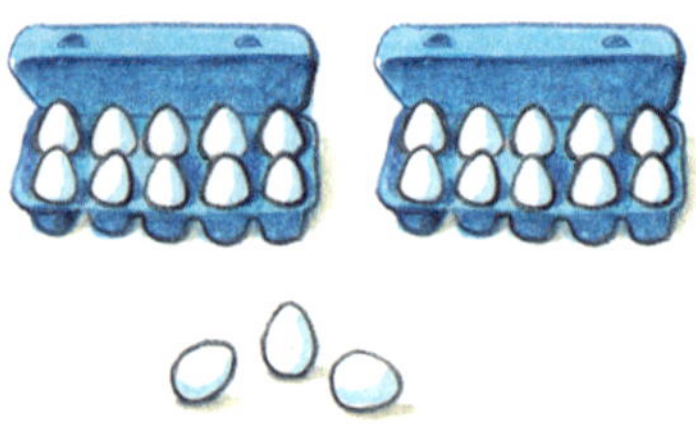
b) 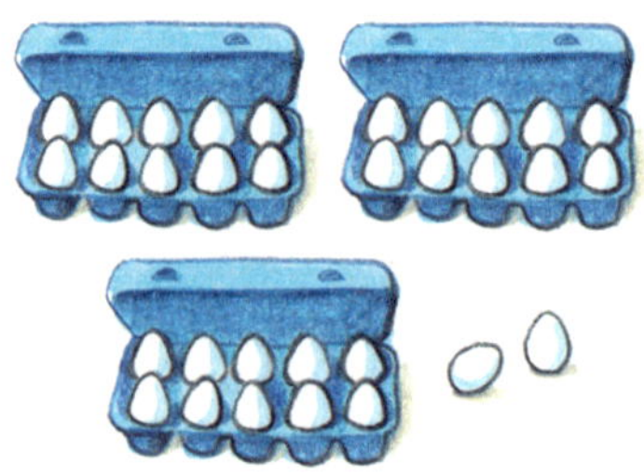
c) 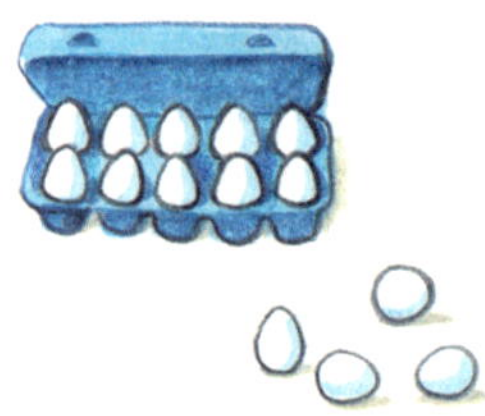

d) 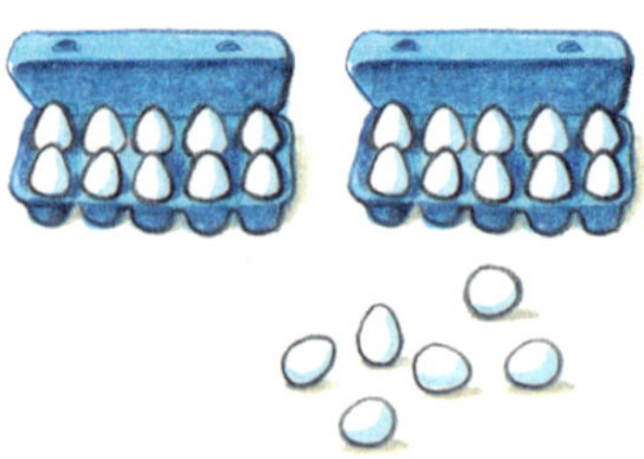
e) 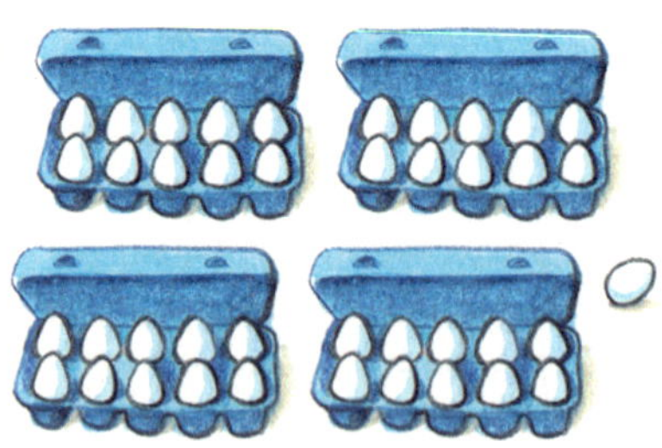
f) 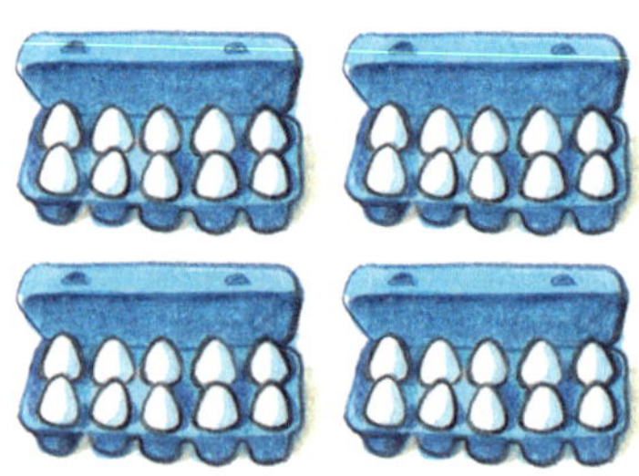

3 a) 
b) 
c) 

1–3 gemischte Zehnerzahlen in der Stellentafel und als Addition von Zehnern und Einern notieren

E▸4 AH▸7 A▸4

① Wie viele Würfel liegen hier?

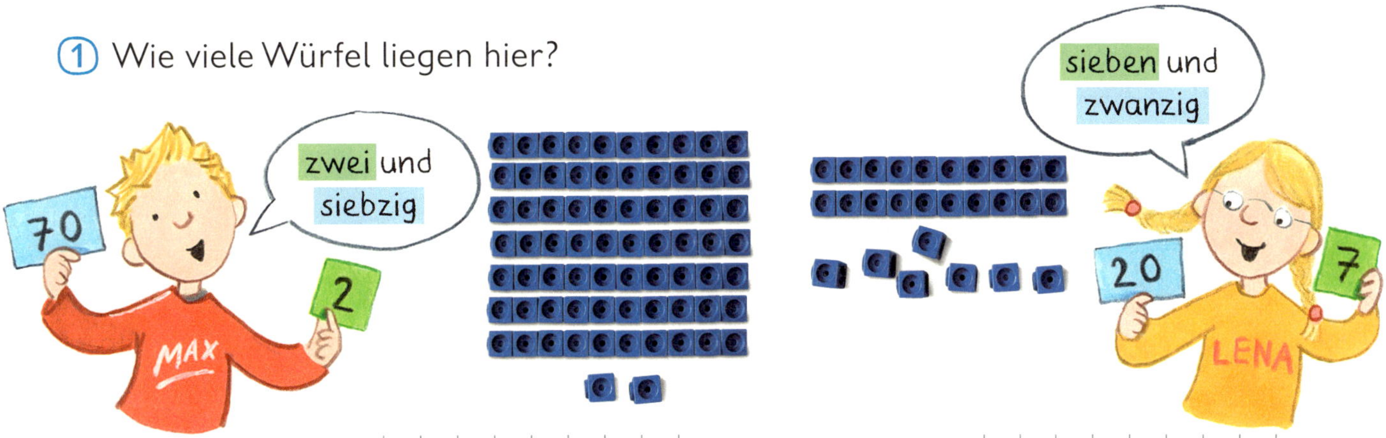

Z	E
7	2

7	Z	+	2	E				
7	0	+	2		=	7	2	

Z	E
2	7

2	Z	+	7	E				
2	0	+	7		=	2	7	

② Schreibe in eine Stellentafel und mit Zehnern und Einern!

a) 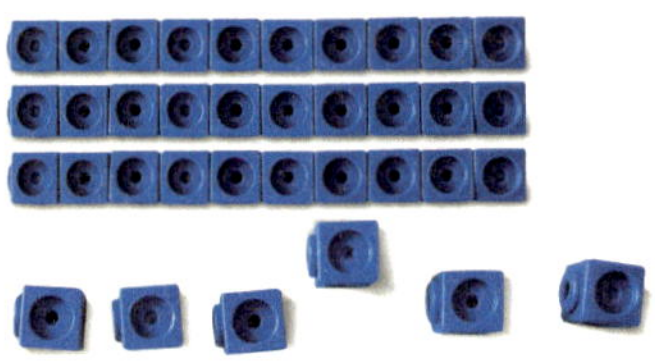

b) 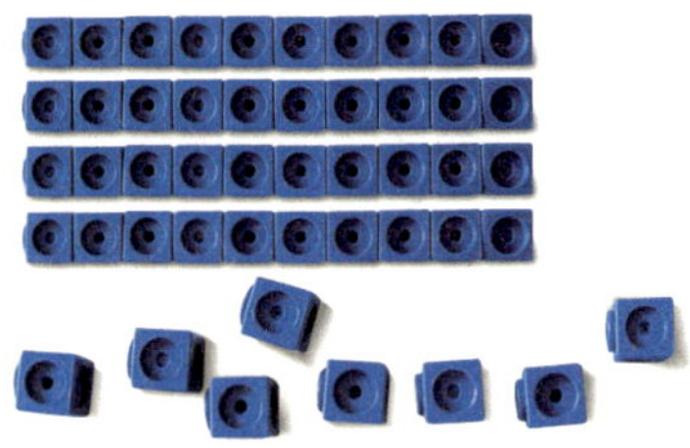

c) 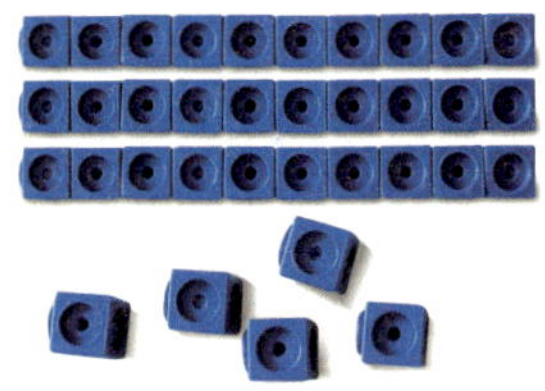

③ Schreibe in eine Stellentafel und mit Zehnern und Einern!

A vierundachtzig

B fünfunddreißig

C sechsunddreißig

D sechsundvierzig

E dreiundsechzig

F achtundvierzig

④ Welche Zahl ist es? Kannst du die Geheimschrift lesen?

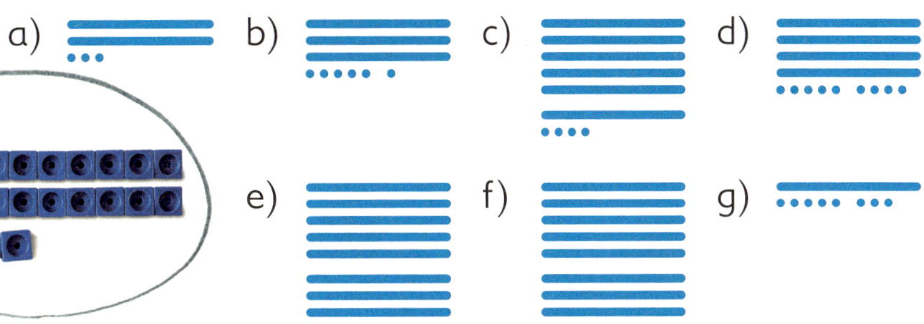

4a)	Z	E		2	Z	+	3	E			
	2	3		2	0	+	3		=	2	3

1–4 gemischte Zehnerzahlen aus verschiedenen Darstellungen ablesen und in der Stellentafel sowie als Addition von Zehnern und Einern notieren

E▶4 AH▶7 A▶4

Das Hunderterfeld

(1) Zeige mit der Folie die Zehnerzahlen im Hunderterfeld!

10 zehn
20 zwanzig
30 dreißig
40 vierzig
50 fünfzig
60 sechzig
70 siebzig
80 achtzig
90 neunzig
100 einhundert

(2) Wie viele Punkte im Hunderterfeld siehst du?
Wie viele sind abgedeckt? Schreibe Plusaufgaben!

2a) 40 + 60 = 100

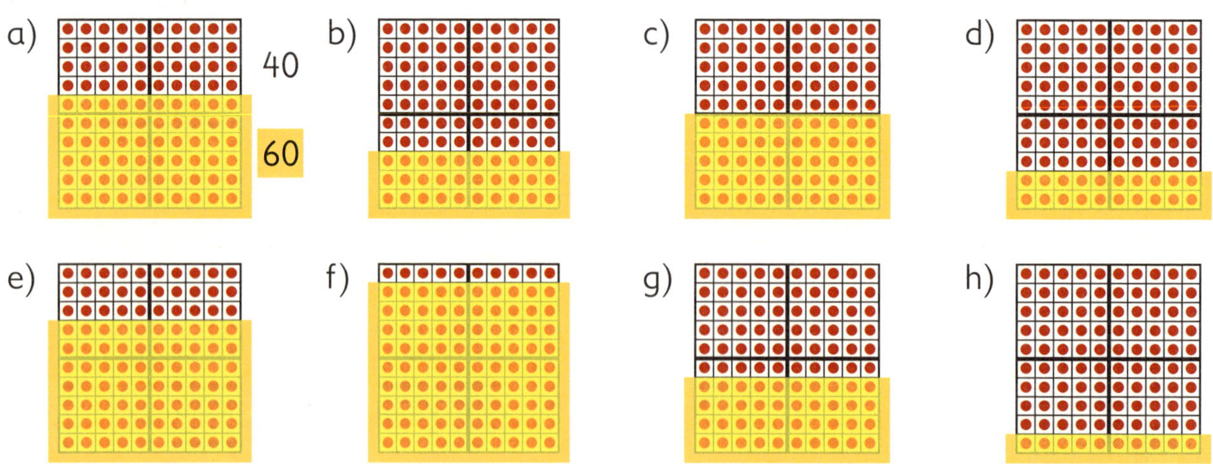

(3) a)

100	
40	
60	
80	

b)

100	
20	
10	
0	

c)

100	
	30
	50
	70

d)

100	
	100
	90
	80

1 Orientierung im Hunderterfeld, erkennen der Struktur; **2, 3** Zerlegungen der 100, zunächst mit dem Hilfsmittel Hunderterfeld

E▸5 AH▸8 A▸5

1 Wie viele Punkte sind es? Lege mit den Zahlenkarten!
Lies und schreibe die Zahlen!

a) 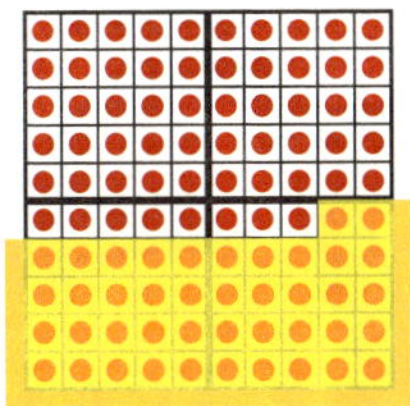

1a)	Z	E	5	0	+	8	=	5	8
	5	8	achtundfünfzig						

b) 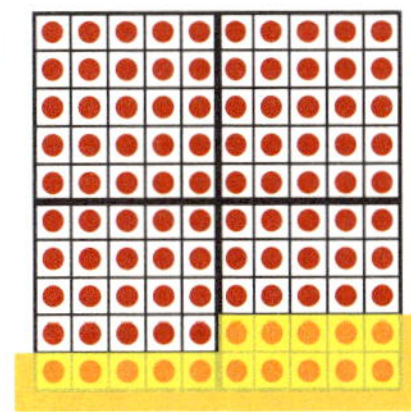

Z	E

__ + __ = __
fünfundachtzig

c) 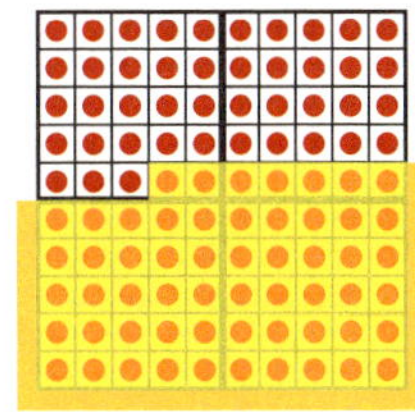

Z	E

__ + __ = __
dreiundvierzig

2 Immer Zehner und Einer. Lege mit den Zahlenkarten!
Zeige mit der Folie und schreibe!

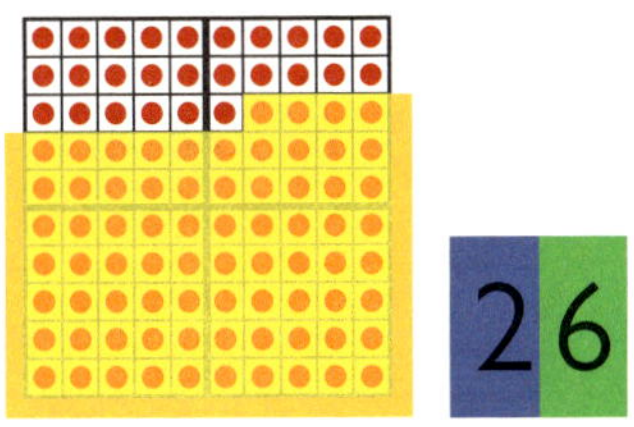

a) 26 = __ + __
41 = __ + __
65 = __ + __
15 = __ + __

b) 28 = __ + __
43 = __ + __
61 = __ + __
19 = __ + __

c) 37 = __ + __
73 = __ + __
85 = __ + __
58 = __ + __

2a)	2	6	=	2	0	+	6

3 Lies die Zahlen! Zeige mit der Folie am Hunderterfeld!

a)

Z	E
2	5

Z	E
5	2

Z	E
6	4

Z	E
6	9

b) 71, 17, 69, 93, 100, 19

c) 38, 83, 8, 80, 30, 3

d) sechsundvierzig, siebenundzwanzig, zweiundachtzig, einundsechzig, sechzehn, fünfzig, fünfzehn, fünfundfünfzig, vierundvierzig

4

Meine Zahl hat 6 Zehner und 3 Einer. Max

Meine Zahl hat 8 Zehner und 0 Einer. Lena

Meine Zahl hat 3 Zehner und 6 Einer. Tim

Meine Zahl hat 1 Zehner und 8 Einer. Ali

Meine Zahl hat 10 Zehner. Maria

36, 18, 100, 80, 63

4)	Ali:	1	8
	Max:		

1–3 gemischte Zehnerzahlen im Hunderterfeld zeigen, mit Zahlenkarten (Beilage) legen, in der Stellentafel sowie als Addition von Zehnern und Einern notieren bzw. Zahlen benennen; **4** Kenntnisse zum Aufbau des Stellenwertsystems zur Lösung der Rätsel nutzen

E▸5 AH▸8 A▸5

Die Hundertertafel

①

1	2	3	4	5	6	7	8	9	10
11	12	13	14	15	16	17	18	19	20
21	22	23	24	25	26	27	28	29	30
31	32	33	34	35	36	37	38	39	40
41	42	43	44	45	46	47	48	49	50
51	52	53	54	55	56	57	58	59	60
61	62	63	64	65	66	67	68	69	70
71	72	73	74	75	76	77	78	79	80
81	82	83	84	85	86	87	88	89	90
91	92	93	94	95	96	97	98	99	100

② Male die Zahlen in einer Hundertertafel an!
Nimm für jede Aufgabe eine andere Farbe!

a) 3, 13, 23, 33, 43, 53, 63, 73, 83, 93
b) 71, 72, 73, 74, 75, 76, 77, 78, 79, 80
c) 10, 20, 30, ...
d) 1, 12, 23, 34, 45, 56, 67, 78, 89, 100
e) 91, 82, 73, 64, 55, 46, ...
f) 11, 22, 33, ...
g) Was fällt dir auf? Beschreibe! Warum ist das so?

③ Zahlenrätsel

Welche Zahlen stehen links von 100? Tom

Welche Zahlen stehen unter der 5? Anna

3) Tom: 99, 98, 97, ...

Welche Zahlen stehen rechts von der 3? Ina

Welche Zahlen stehen zwischen 91 und 96? Luise

Welche Zahlen stehen zwischen der 63 und der 69? Max

Welche Zahlen stehen über der 94? Marlene

④ Muster in der Hundertertafel. Schreibe die Zahlen auf, die ...

a) ... im Einer eine 7 haben!
b) ... im Einer eine 9 haben!
c) ... im Einer eine 0 haben!
d) ... im Zehner eine 4 haben!
e) ... im Zehner eine 8 haben!
f) ... im Einer und Zehner eine 0 haben!

1–4 Orientierung in der Hundertertafel, erkennen der Struktur; Wiederholung gerade und ungerade Zahlen;
2, 4 Zusammenhang zwischen den entstehenden Mustern in der Hundertertafel und dem Aufbau der Zahlenfolgen erkennen E▸6 AH▸9 A▸6

1 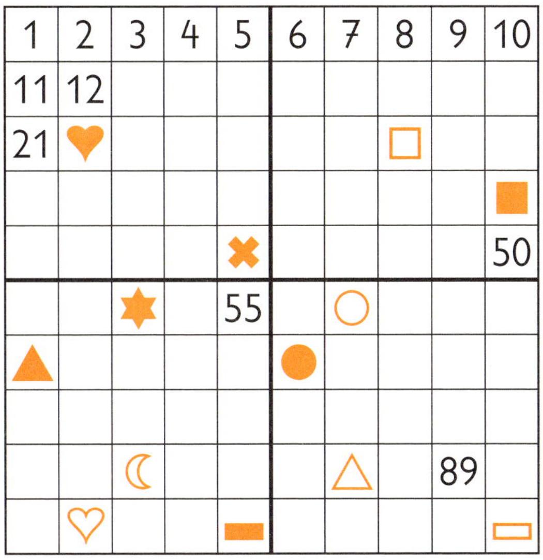

Welche Zahlen verstecken sich unter den Zeichen?

2 Welche Zahlen fehlen? Ergänze!

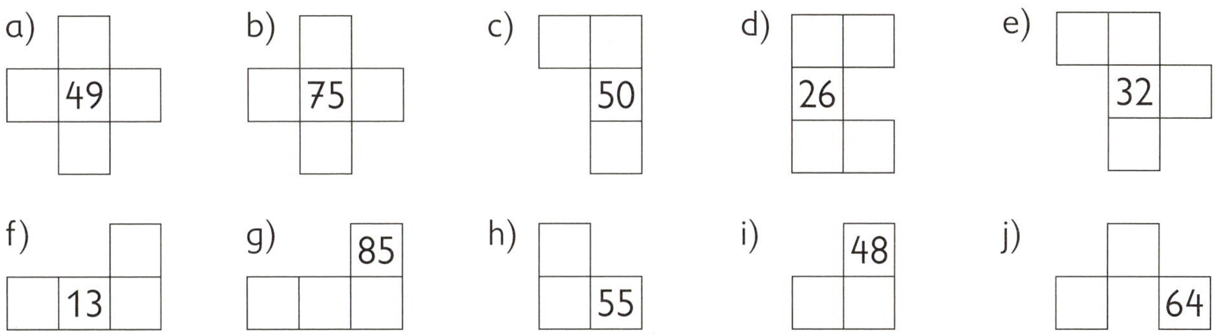

3 Wege in der Hundertertafel. Auf welche Zahlen triffst du?

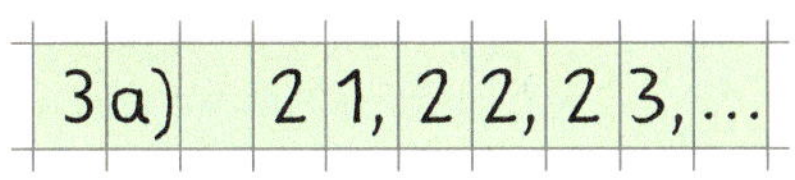

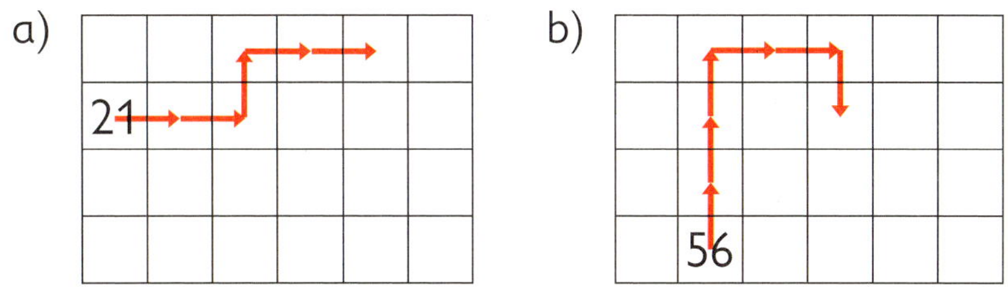

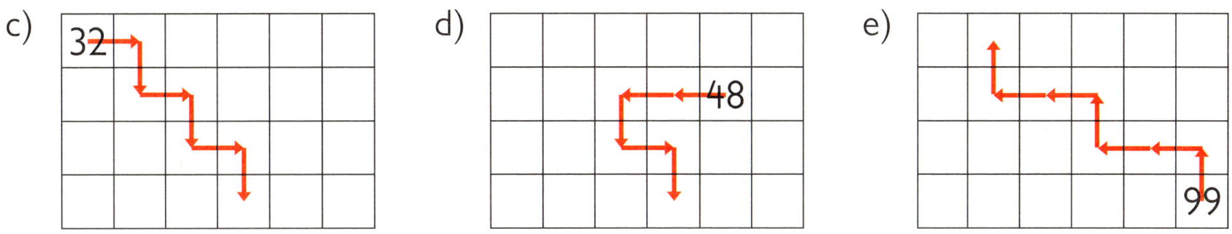

4 Wege in der Hundertertafel. Wo kommst du an?

a) Start: 35
Schritte: → → → ↑
Ziel: __

b) Start: 47
Schritte: ↓↓ ← ← ↓
Ziel: __

c) Start: 81
Schritte: ↓ → ↑↑ ← ↓
Ziel: __

1–4 Orientierung in der Hundertertafel, Wissen über den Aufbau der Tafel nutzen;
4 kann mit höherem Schwierigkeitsgrad auch ohne Hundertertafel als Hilfsmittel gelöst werden

E▸6 AH▸9 A▸6

Der Zahlenstrahl

①

②

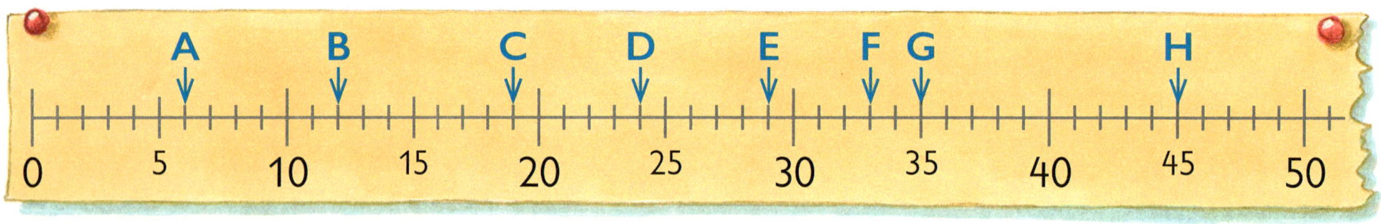

Welche Zahlen gehören zu den Buchstaben A, B, C …?

2) A 6, B …

③ Auf welche Zahlen zeigen die Pfeile?

④ Welche Zahlen sind hier gemeint?

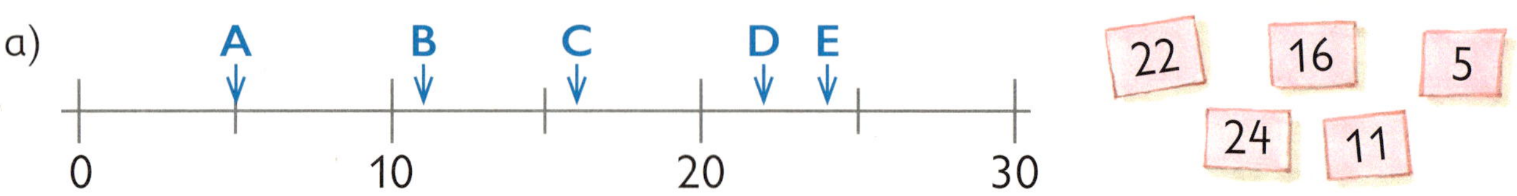

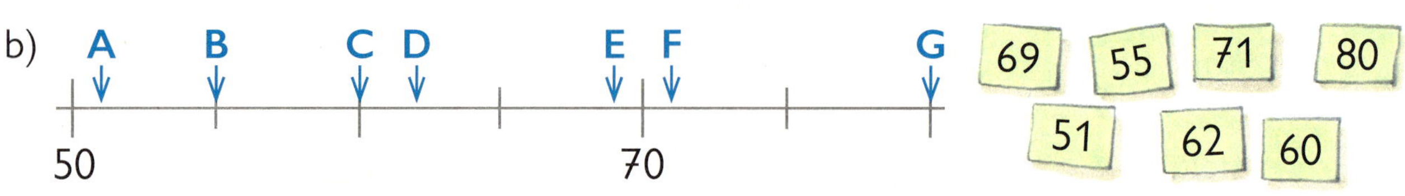

1 Finde Vorgänger (V) und Nachfolger (N) der Zahlen (Z)!

1)	V	Z	N
	43	44	45
		31	

44 31 66 50 95
39 27 89 99 72

2 Wie heißen die Nachbarzehner (NZ) der Zahlen?
Der Zahlenstrahl ist für diese Aufgabe eine große Hilfe.

2)	NZ	Z	NZ
	60	62	70
		36	

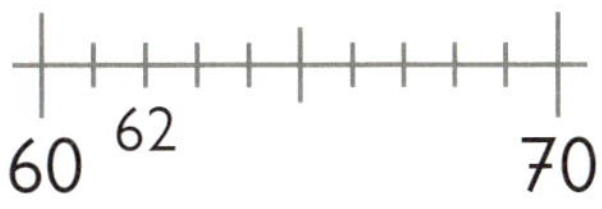

62 59 93 45
36 51 27 20

3 Vergleiche, setze ein: <, > oder = !

a) 45 ◯ 50
52 ◯ 48
37 ◯ 37

b) 30 ◯ 70
13 ◯ 30
80 ◯ 18

c) 26 ◯ 62
54 ◯ 45
78 ◯ 87

d) 48 ◯ 82
43 ◯ 43
25 ◯ 79

4 Ordne nach der Größe!

4a) 18, 37, …

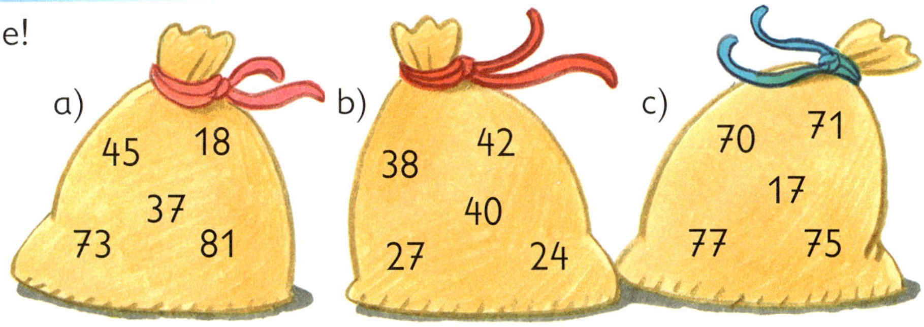

5 Wie geht es weiter?

a) 45, 46, 47, … 52
b) 39, 38, 37, … 31
c) 72, 74, 76, … 86
d) 81, 83, 85, … 95
e) 100, 95, 90, … 65
f) 59, 56, 53, … 38

6 Zahlenrätsel

Meine Zahl liegt genau zwischen 0 und 100. Sie ist gerade. Lea

Meine Zahl ist größer als 80 und kleiner als 90. Die Zehner- und Einerziffer sind gleich. Tim

Meine Zahl steht in der Mitte zwischen 32 und 38. Sie ist ungerade. Ali

Ich denke mir ein eigenes Zahlenrätsel aus.

Meine Zahl liegt zwischen 40 und 50. Die Zehnerziffer ist halb so groß wie die Einerziffer. Maria

1, 2 Nachbarzahlen/Nachbarzehner finden, evtl. Zahlenstrahl als Hilfsmittel; **3** Zahlen paarweise vergleichen; **4** Zahlen ordnen; **5** Zahlenfolgen fortsetzen, gerade und ungerade Zahlen wiederholen; **6** Zahlenstrahl kann als Hilfsmittel eingesetzt werden; Eigenproduktionen zeigen die Einsicht in den Aufbau des Zahlenstrahles

E▸7 AH▸10 A▸7

Linien, Geraden, Strecken, Punkte …

① Was entdeckst du? Beschreibe!

Zwei Geraden schneiden sich in einem Punkt.
Das ist der Schnittpunkt.

② Wie viele Geraden, wie viele Schnittpunkte?

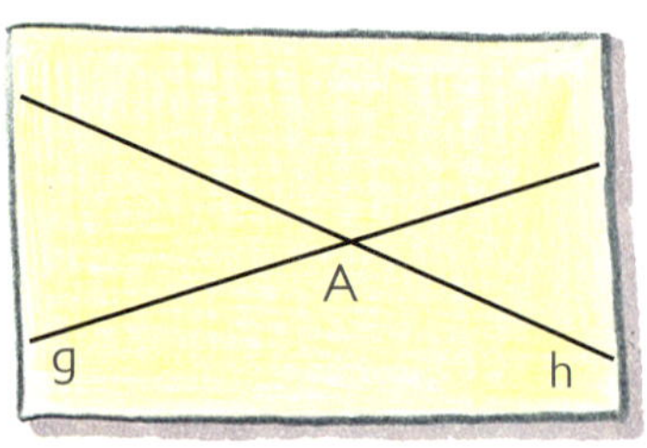

__ Geraden
__ Schnittpunkt

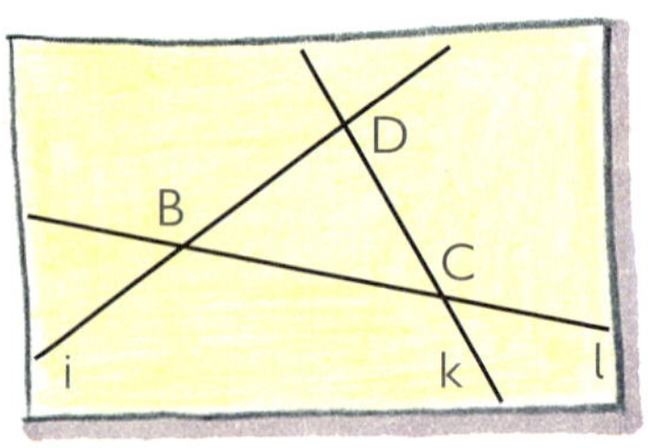

__ Geraden
__ Schnittpunkte

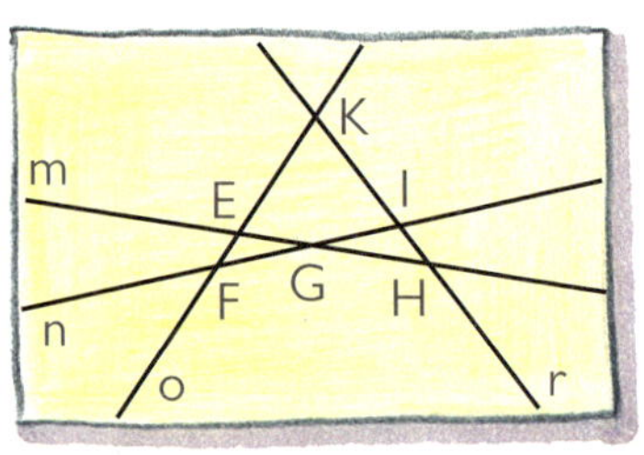

__ Geraden
__ Schnittpunkte

③ Zeichne Geraden, die sich schneiden! Benutze dein Lineal!

④ Zeichne die Strecken: $\overline{AB}$ = 3 cm, $\overline{CD}$ = 6 cm, $\overline{EF}$ = 4 cm, $\overline{GH}$ = 10 cm!

1 Lernvoraussetzungen überprüfen (Linien, Geraden, Strecken, Punkte), Begriffe „sich schneiden“, „Punkt“, „Schnittpunkt“ und Bezeichnung von Punkten kennen lernen; **2** Lagebeziehungen von Geraden erkunden; **3** sich schneidende Geraden mit Lineal zeichnen, bei komplexen Zeichnungen Beschriftungen reduzieren; **4** Strecken zeichnen

E▸8 AH▸11 A▸8

Zueinander senkrechte Linien

① Falte ein Blatt Papier!
Markiere eine Faltlinie mit Blau, die andere mit Rot!

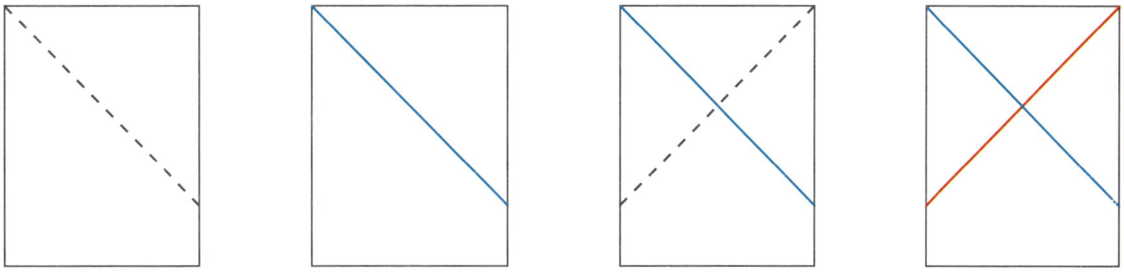

② Es sind vier rechte Winkel entstanden. Prüfe …

a) … mit dem Geodreieck!
b) … mit einem Faltwinkel!

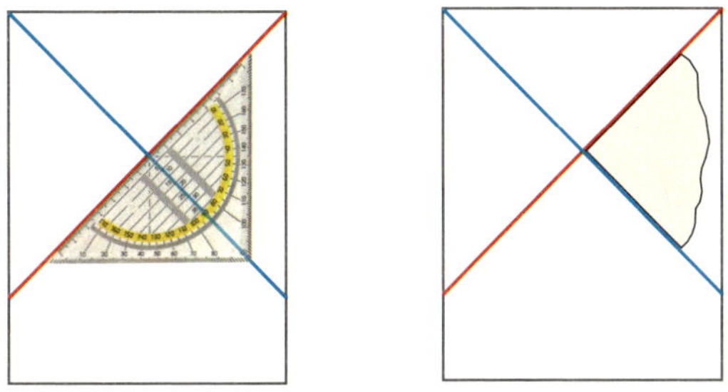

Die rote und die blaue Linie sind senkrecht zueinander. Sie bilden miteinander vier rechte Winkel.

③ Suche auf den Bildern Linien, die senkrecht zueinander sind!
Prüfe mit dem Geodreieck oder mit dem Faltwinkel!

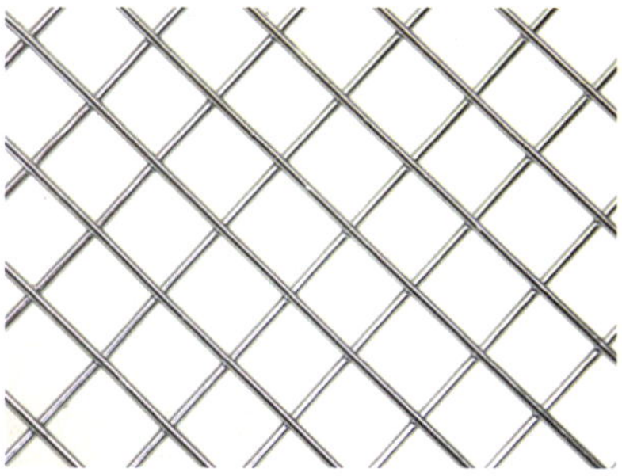

④ Suche rechte Winkel im Klassenraum!
Prüfe mit dem Geodreieck oder mit dem Faltwinkel!

⑤ Zeichne Geraden, die senkrecht zueinander sind!
Benutze dein Geodreieck!

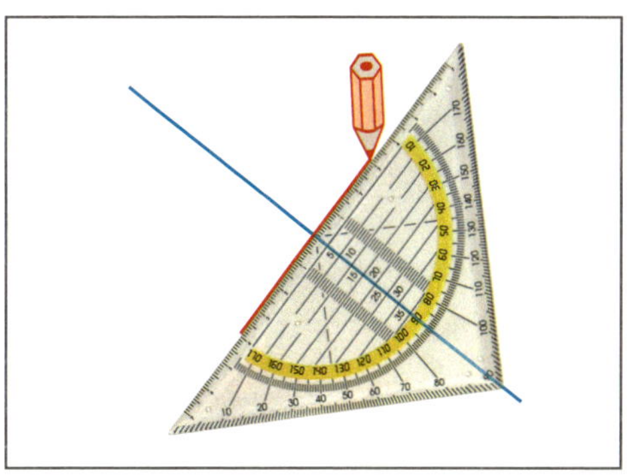

1 zueinander senkrechte Linien durch Falten erzeugen, Begriff „senkrecht zueinander" kennen lernen; **2** durch Anlegen des Geodreiecks bzw. des Faltwinkels prüfen, ob Linien senkrecht zueinander sind; **3, 4** zueinander senkrechte Linien finden; **5** zueinander senkrechte Linien mit Hilfe des Geodreiecks zeichnen

E▸8 AH▸11 A▸8

Zueinander parallele Linien

① Falte ein Blatt Papier!
Markiere die Faltlinien mit Blau!

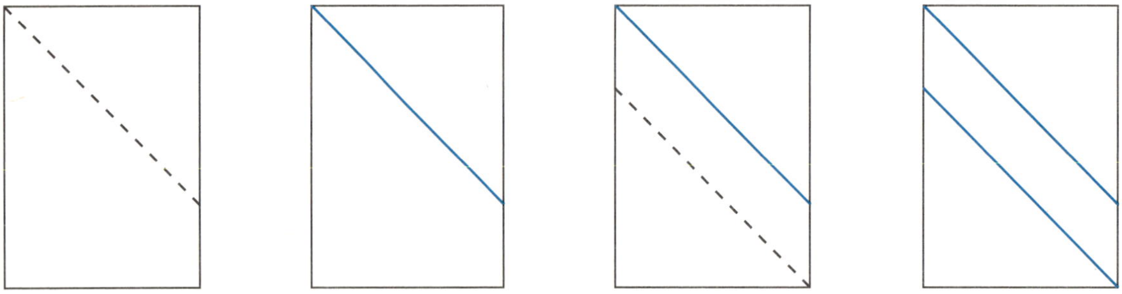

② Parallele Linien. Prüfe mit dem Geodreieck!

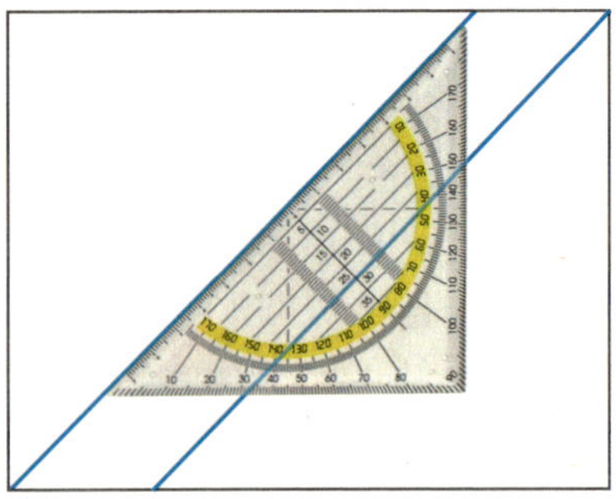

Die blauen Linien sind parallel zueinander. Parallele Linien haben überall den gleichen Abstand.

③ Suche auf den Bildern Linien, die parallel zueinander sind!

④ Suche parallele Linien im Klassenraum!

⑤ Zeichne parallele Geraden!
Benutze dein Geodreieck!

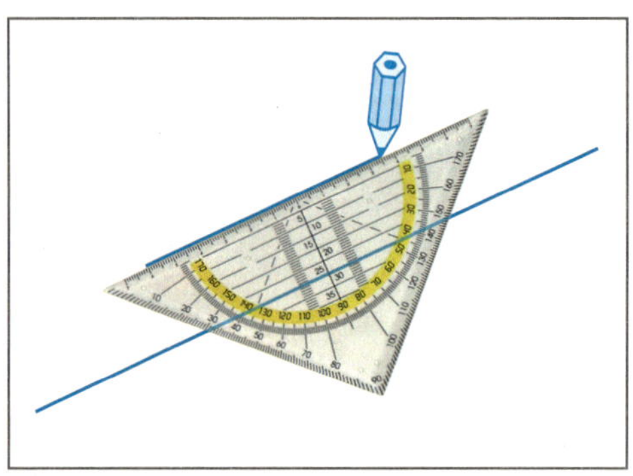

1 zueinander parallele Linien durch Falten erzeugen, Begriff „parallel zueinander" kennen lernen; **2** durch Anlegen des Geodreiecks prüfen, ob Linien parallel zueinander sind; **3, 4** zueinander parallele Linien finden; **5** zueinander parallele Linien mit Hilfe des Geodreiecks zeichnen E▶9 AH▶12 A▶9

① Ordne zu!

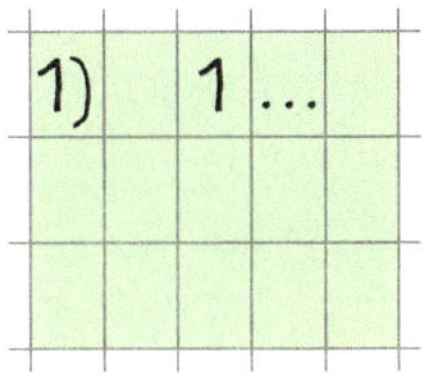

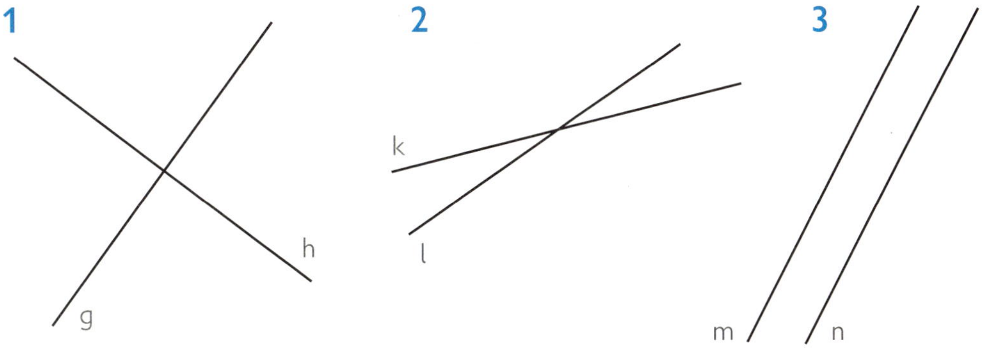

A Die Geraden schneiden sich.

B Die Geraden bilden rechte Winkel.

C Die Geraden sind parallel zueinander.

D Die Geraden sind senkrecht zueinander.

② Zeichne! Nutze das Geodreieck! Beschrifte!

a) zwei Geraden, die sich schneiden
b) zwei Geraden, die parallel zueinander sind
c) zwei Geraden, die senkrecht zueinander sind
ⓓ zwei Geraden, die sich schneiden und rechte Winkel bilden

③ Parallel zueinander oder nicht? Beschreibe, was du siehst! Prüfe!

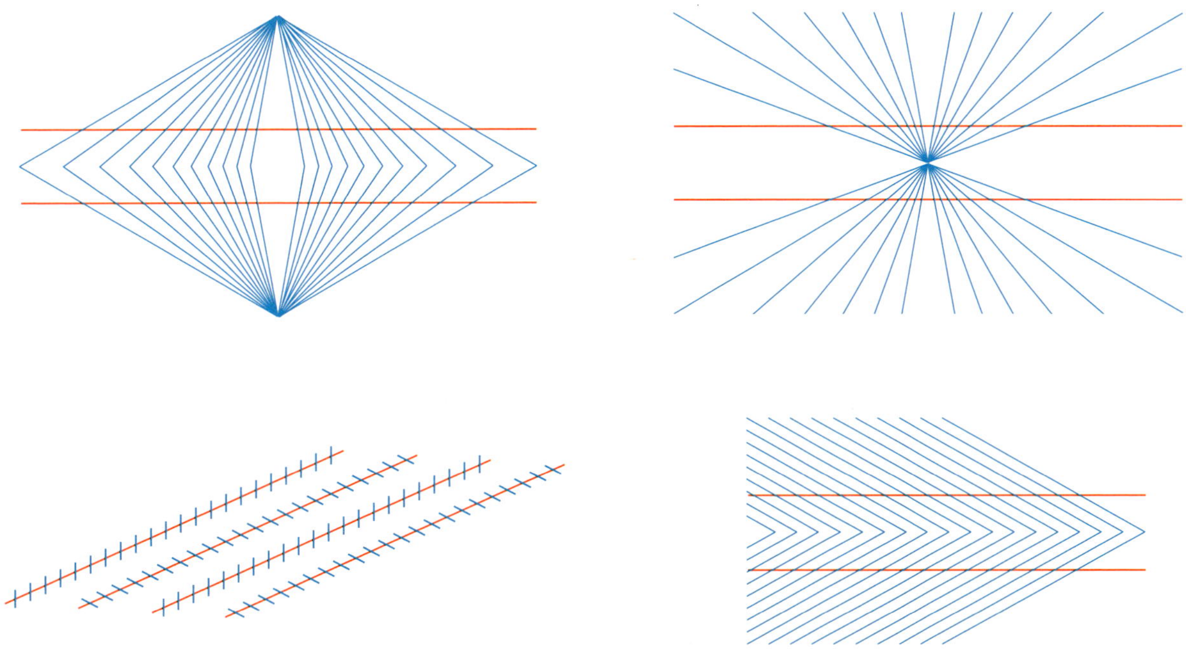

1 Lagebeziehungen der Geraden erkennen, jedem Bild die passende(n) Aussage(n) zuordnen; **2** Geraden nach Anleitung zeichnen; **3** optische Täuschungen, Parallelität der Geraden prüfen

E▸9 AH▸12 A▸9

Das kann ich schon!

① Zahlen darstellen

A 6 Z + 7 E

B achtundsiebzig

C

D

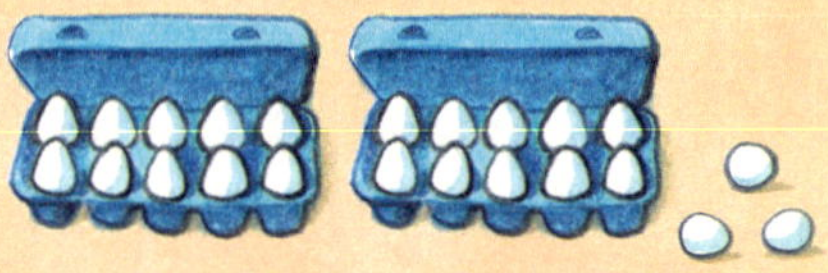

E

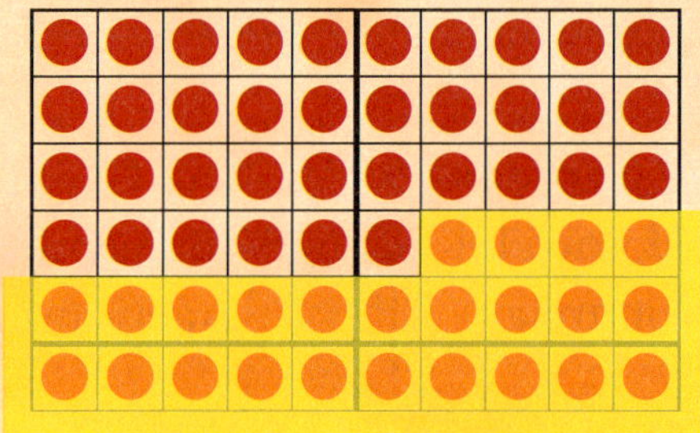

F

Z	E
7	6

Immer Zehner und Einer als Plusaufgabe!

1) A 60 + 7 = ...

② In der Hundertertafel

1	2	3	4	5	6	7	8	9	10
11	12	13	14	15	16	17	18	19	20
21	22	23	24	25	26	27	28	29	30
31	32	33	34	35	36	37	38	39	40
41	42	43	44	45	46	47	48	49	50
51	52	53	54	55	56	57	58	59	60
61	62	63	64	65	66	67	68	69	70
71	72	73	74	75	76	77	78	79	80
81	82	83	84	85	86	87	88	89	90
91	92	93	94	95	96	97	98	99	100

Bei meinen Zahlen sind die Einer und Zehner gleich. Max

Wie geht es weiter? 13, 24, 35, 46, ... Lena

Einerziffer und Zehnerziffer ergeben zusammen immer 9. Jan

Die Zehnerziffer ist um eins größer als die Einerziffer. Ina

2) Max: 11, ...
Lena: 13, 24, ...

③ Zahlen ordnen

a) 73 36 51 15 78

b) 44 67 50 76 54

Ordne der Größe nach!

3a) 15, ...

1 Zahlen darstellen, Plusaufgaben bilden (Bündelung/Einer und Zehner/Stellentafel); **2** Orientierung in der Hundertertafel; **3** Zahlen der Größe nach ordnen

E▸10 A▸10

① Zahlen am Zahlenstrahl

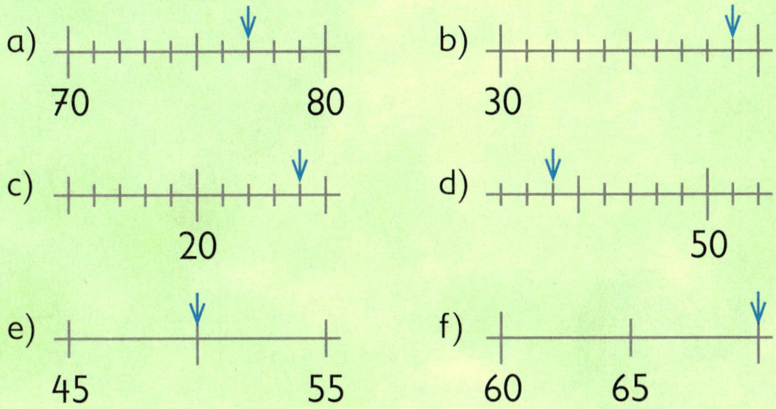

Auf welche Zahlen zeigen die Pfeile?

1 a)	...

② Nachbarzahlen

26 93 64 11 50 79

a) Finde Vorgänger und Nachfolger!
b) Finde die Nachbarzehner!

2 a)	V	Z	N
		2 6	

b)	N Z	Z	N Z
		2 6	

③ Zahlenfolgen

a) 76, 77, 78, … 83

b) 42, 44, 46, … 56

c) 90, 88, 86, … 76

d) 69, 66, 63, … 48

Welche Zahlen fehlen?

④ Geraden untersuchen

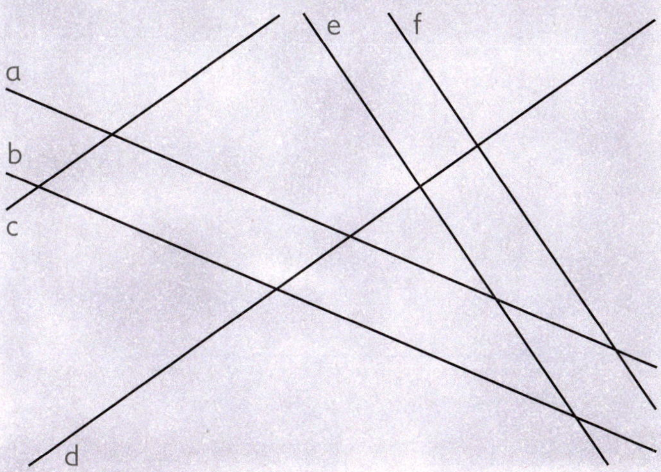

a) Welche Geraden sind parallel zueinander?
Welche Geraden sind senkrecht zueinander?

b) Wie viele rechte Winkel findest du? Prüfe!

c) Zeichne zueinander parallele und zueinander senkrechte Geraden!

4 a)	parallel	senkrecht
	a zu …	

1 Zahlen am Zahlenstrahl finden; **2** Nachbarzahlen finden; **3** Zahlenfolgen vervollständigen;
4 Lagebeziehungen von Geraden untersuchen

E▸10 A▸10

Addieren ohne Zehnerübergang

① Immer die gleiche Zahl addieren!

1	2	3	4	5	6	7	8	9	10
11	12	13	14	15	16	17	18	19	20
21	22	23	24	25	26	27	28	29	30
31	32	33	34	35	36	37	38	39	40
41	42	43	44	45	46	47	48	49	50
51	52	53	54	55	56	57	58	59	60
61	62	63	64	65	66	67	68	69	70
71	72	73	74	75	76	77	78	79	80
81	82	83	84	85	86	87	88	89	90
91	92	93	94	95	96	97	98	99	100

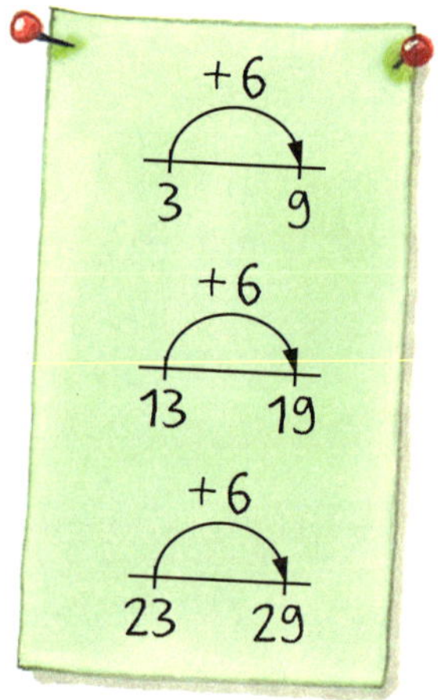

② Addiere!

2	a)		1	+	3	=		4
		1	1	+	3	=		

a) Immer 3 addieren!

1 + 3 = 4
11 + 3 = 14
21 + 3 = 24
__ + 3 = __
⋮
91 + 3 = __

b) Immer 4 addieren!

6 + 4 = 10
16 + 4 = 20
26 + 4 = 30
__ + 4 = __
⋮
96 + 4 = __

c) Addiere immer 7!

2 + 7 = __
12 + _ = __
__ + _ = __
__ + _ = __
⋮
92 + _ = __

③ Bilde Aufgaben! Berechne die Summe!

3)		5	4	+	2	=	5	6
		5	4	+	4	=		
		5	4	+	…			

23	+	6	=	29
Summand		Summand		Summe

1, 2 Analogieaufgaben bilden;
3 Addieren ohne Zehnerübergang; Wer findet alle Aufgaben? Begriffe „Summand", „Summe"

E▸11 AH▸13 A▸11

Subtrahieren ohne Zehnerübergang

(1) Immer die gleiche Zahl subtrahieren!

1	2	3	4	5	6	7	8	9	10
11	12	13	14	15	16	17	18	19	20
21	22	23	24	25	26	27	28	29	30
31	32	33	34	35	36	37	38	39	40
41	42	43	44	45	46	47	48	49	50
51	52	53	54	55	56	57	58	59	60
61	62	63	64	65	66	67	68	69	70
71	72	73	74	75	76	77	78	79	80
81	82	83	84	85	86	87	88	89	90
91	92	93	94	95	96	97	98	99	100

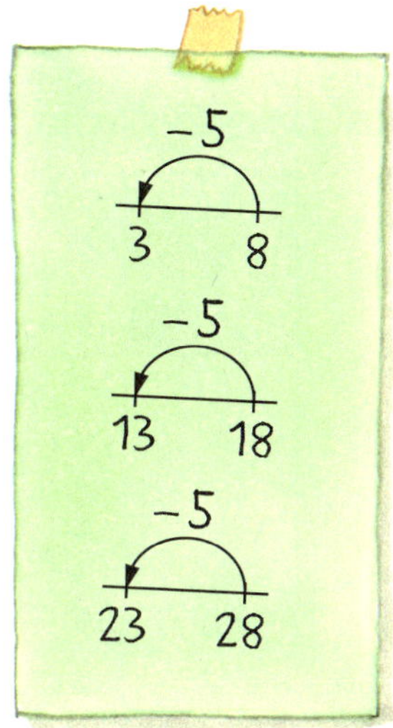

(2) Subtrahiere!

2a)	9 – 3 =	6
	19 – 3 =	

a) Immer 3 subtrahieren!	b) Immer 4 subtrahieren!	c) Subtrahiere immer 6!
9 – 3 = 6	5 – 4 = 1	8 – _ = __
19 – 3 = 16	15 – 4 = 11	18 – _ = __
29 – 3 = 26	25 – 4 = 21	__ – _ = __
__ – 3 = __	__ – 4 = __	__ – _ = __
⋮	⋮	⋮
99 – 3 = __	95 – 4 = __	98 – _ = __

(3) Bilde Aufgaben! Berechne die Differenz!

3)	79 – 6 =	73
	79 – 5 =	
	79 – …	

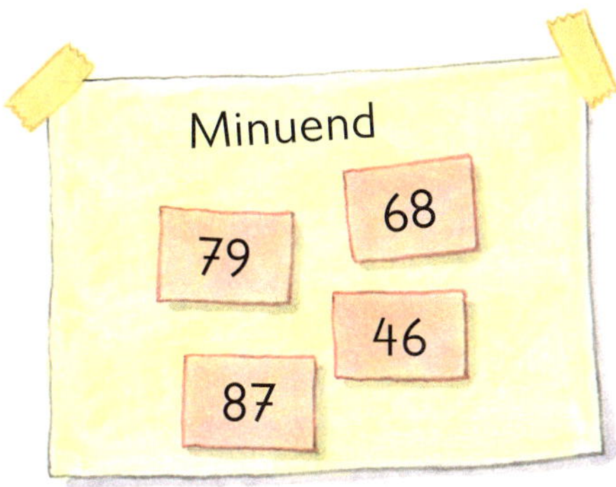

28	–	5	=	23
Minuend		Subtrahend		Differenz

1, 2 Analogieaufgaben bilden; **3** Subtrahieren ohne Zehnerübergang; Wer findet alle Aufgaben? Begriffe „Minuend“, „Subtrahend“, „Differenz“

E▸11 AH▸13 A▸11

Addieren mit Zehnerübergang

① Rechenkonferenz

② Notiere deinen Rechenweg!

2a) 27 + 5 = …

a)	b)	c)	d)
27 + 5	77 + 4	75 + 7	67 + 8
48 + 4	67 + 5	63 + 8	78 + 3
67 + 6	18 + 8	45 + 9	69 + 5
77 + 7	37 + 9	88 + 6	66 + 8

26 32 46 52 54 71 72 73 74 74 75 75 81 81 82 84 94

③ Super-Päckchen! Wie geht es weiter?

a)	b)	c)	d)
5 + 7	8 + 5	28 + 6	67 + 4
15 + 7	18 + 5	38 + 6	57 + 4
25 + 7	28 + 5	48 + 6	47 + 4
35 + 7	38 + 5	58 + 6	37 + 4
__ + _	__ + _	__ + _	__ + _

1 Rechenwege/Notationen bei der Addition mit Zehnerübergang; **2** Aufgaben mit dem eigenen Rechenweg lösen; **3** Struktur der Päckchen erkennen und beim Rechnen nutzen, die Päckchen fortsetzen

E▸12 AH▸14 A▸12

①

1	2	3	4	5	6	7	8	9	10
11	12	13	14	15	16	17	18	19	20
21	22	23	24	25	26	27	28	29	30
31	32	33	34	35	36	37	38	39	40
41	42	43	44	45	46	47	48	49	50

37 + 8

1a)	3	7	+	8	=			
	3	7	+	3	=	4	0	
	4	0	+	5	=	4	5	

a) 37 + 8
18 + 7
28 + 8

b) 86 + 6
54 + 9
25 + 7

c) 67 + 4
26 + 8
48 + 6

d) 58 + 3
77 + 6
66 + 9

e) 45 + 7
88 + 5
76 + 8

25 32 34 36 45 52 54 61 63 71 75 83 84 92 93 94

②

1	2	3	4	5	6	7	8	9	10
11	12	13	14	15	16	17	18	19	20
21	22	23	24	25	26	27	28	29	30
31	32	33	34	35	36	37	38	39	40
41	42	43	44	45	46	47		49	50

27 + 9

a) 27 + 9
25 + 9
23 + 9

b) 47 + 9
86 + 9
59 + 9

c) 17 + 9
35 + 9
43 + 9

d) 63 + 9
78 + 9
84 + 9

e) 44 + 9
82 + 9
66 + 9

26 32 34 36 44 46 52 53 56 68 72 75 87 91 93 95

③ Super-Päckchen! Addiere! Wie geht es weiter?

a) 38 + 4
38 + 5
38 + 6
38 + _
__ + _

b) 26 + 8
36 + 8
46 + 8
__ + _
__ + _

c) 73 + 8
74 + 7
75 + 6
__ + _
__ + _

d) 69 + 4
68 + 5
67 + 6
__ + _
__ + _

e) 87 + 9
67 + 9
47 + 9
__ + _
__ + _

④ Bilde Aufgaben! Im Ergebnis soll an der Einerstelle immer eine 3 stehen.

4)	3	9	+	4	=	4	3	

88 47 39 67 36 54

+

4 5 7 6 9

Subtrahieren mit Zehnerübergang

① Rechenkonferenz

1	2	3	4	5	6	7	8	9	10
11	12	13	14	15	16	17	18	19	20
21	22	23	24	25	26	27	28	29	30
31	32	33	34	35	36	37	38	39	40
41	42	43	44	45	46	47	48	49	50
51	52	53	54	55	56	57	58	59	60
61	62	63	64	65	66	67	68	69	70
71	72	73	74	75	76	77	78	79	80
81	82	83	84	85	86	87	88	89	90
91	92	93	94	95	96	97	98	99	100

35 − 7

② Notiere deinen Rechenweg!

2a) 3 5 − 8 =

a)	b)	c)	d)
35 − 8	24 − 8	15 − 7	24 − 8
47 − 9	32 − 7	42 − 5	52 − 6
23 − 5	65 − 6	61 − 3	95 − 7
56 − 7	42 − 4	33 − 6	73 − 5

8 16 16 18 25 27 27 37 38 38 46 49 58 59 66 68 88

③ Super-Päckchen! Wie geht es weiter?

a)	b)	c)	d)
15 − 7	64 − 8	54 − 9	63 − 5
25 − 7	54 − 8	54 − 8	53 − 5
35 − 7	44 − 8	54 − 7	43 − 5
45 − 7	34 − 8	54 − 6	33 − 5
___ − _	___ − _	___ − _	___ − _

1 Rechenwege bei der Subtraktion mit Zehnerübergang besprechen; **2** Aufgaben mit dem eigenen Rechenweg lösen; **3** Struktur der Päckchen erkennen und beim Rechnen nutzen, die Päckchen fortsetzen E▸13 AH▸15 A▸13

1

1	2	3	4	5	6	7	8	9	10
11	12	13	14	15	16	17	18	19	20
21	22	23	24	25	26	27	28	29	30
31	32	33	34	35	36	37	38	39	40
41	42	43	44	45	46	47	48	49	50

36 – 8

1a) 36 – 8 =
36 – 6 = 30
30 – 2 = 28

a) 36 – 8
45 – 6

b) 74 – 7
62 – 3

c) 82 – 6
26 – 9

d) 61 – 5
93 – 7

e) 52 – 8
73 – 4

17 28 39 44 56 59 67 68 69 76 86

2

1	2	3	4	5	6	7	8	9	10
11	12	13	14	15	16	17	18	19	20
21	22	23	24	25	26	27	28	29	30
31	32	33	34	35	36	37	38	39	40
41	42	43	44	45	46	47		49	50

47 – 9

a) 47 – 9
52 – 9

b) 74 – 9
68 – 9

c) 71 – 9
53 – 9

d) 36 – 9
87 – 9

e) 22 – 9
94 – 9

13 27 38 43 44 59 62 65 78 79 85

3 Super-Päckchen! Subtrahiere! Wie geht es weiter?

a) 34 – 4
34 – 5
34 – 6
34 – _
__ – _

b) 16 – 9
26 – 9
36 – 9
__ – _
__ – _

c) 71 – 8
72 – 7
73 – 6
__ – _
__ – _

d) 97 – 9
96 – 8
95 – 7
__ – _
__ – _

e) 92 – 4
83 – 5
74 – 6
__ – _
__ – _

4 Bilde Aufgaben! Im Ergebnis soll an der Einerstelle immer eine 8 stehen.

4) 45 – 7 = 38

1 Subtraktionsaufgaben lösen: zuerst bis zum Zehner subtrahieren; **2** Subtraktionsaufgaben mit dem Subtrahenden 9 geschickt lösen; **3** Struktur der Päckchen erkennen und beim Rechnen nutzen, die Päckchen fortsetzen; **4** Aufgaben mit besonderen Ergebnissen bilden

E►13 AH►15 A►13

Tauschaufgabe und Umkehraufgabe

① Tauschaufgabe

Aufgabe und Tauschaufgabe haben immer das gleiche Ergebnis.

② Aufgabe oder Tauschaufgabe
Welche Aufgabe ist leichter? Addiere!

2a) 48 + 3 = ...

a)	b)	c)	d)
3 + 48	78 + 4	4 + 74	43 + 7
73 + 8	24 + 5	85 + 9	8 + 52
2 + 59	7 + 58	26 + 7	54 + 6
32 + 6	3 + 29	3 + 59	18 + 72

29 32 33 38 50 51 60 60 61 62 65 78 80 81 82 90 94

③ Umkehraufgabe

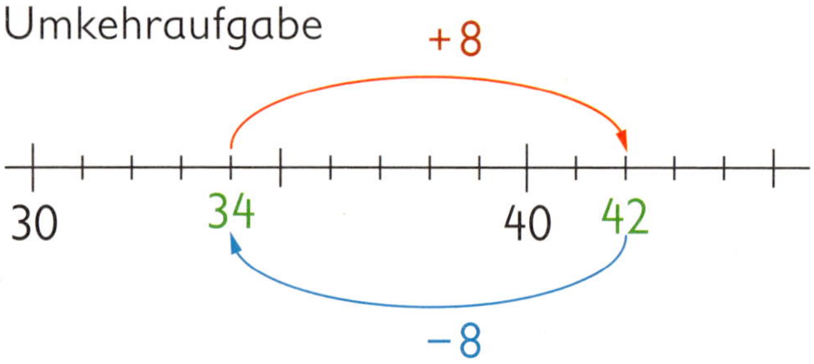

34 + 8 = 42
42 − 8 = ___

④ Rechne! Prüfe mit der Umkehraufgabe!

4a) 43 − 6 = 37
37 + 6 = 43

a)	b)
43 − 6	35 − 6
34 − 8	74 − 4
81 − 5	56 − 9
75 − 7	82 − 8

c)	d)
37 − 8	25 − 7
92 − 6	33 − 7
85 − 7	60 − 8
43 − 9	94 − 9

⑤ Die Umkehraufgabe hilft dir!

a)	b)	c)	d)
___ + 4 = 62	___ + 9 = 27	___ − 8 = 36	___ − 9 = 62
___ + 7 = 45	___ + 6 = 95	___ − 5 = 48	___ − 7 = 29

1, 2 Begriff „Tauschaufgabe“ wiederholen; entscheiden, ob die Aufgabe oder die Tauschaufgabe leichter zu rechnen ist; **3** Begriff „Umkehraufgabe“ wiederholen; **4** Umkehraufgabe zur Überprüfung des Ergebnisses; **5** Umkehraufgaben als Hilfe beim Rechnen mit Platzhaltern E▶14 AH▶16 A▶14

Addieren und Subtrahieren üben

① Bilde Additionsaufgaben!

1) 28 + 6 = ...
28 + 8 = ...

28 47 59 74 + 6 3 8 9

② Bilde Subtraktionsaufgaben!

2) 33 − 5 = ...
33 − 7 = ...

33 61 92 84 − 5 9 7 4

③ Plus oder minus? Schau genau!

a)	b)	c)	d)	e)
29 + 6	41 − 5	31 + 8	55 − 6	92 + 5
54 − 3	88 + 3	62 − 7	72 − 5	83 − 4
66 + 7	59 + 6	79 + 2	68 + 4	36 − 8
82 − 9	98 − 8	40 − 9	63 + 7	47 + 9

28 31 35 36 39 40 49 51 55 56 65 67 70 72 73 73 79 81 90 91 97

④ Plustabellen – Minustabellen

4a)

+	6	9	8
46			

a)

+	6	9	8
46			

b)

−	7	4	9
83			

c)

+	9	5	7
67			

d)

−	8	5	6
52			

⑤ Vergleiche! Setze ein: < oder >!

a)		b)		c)		d)	
34 + 8	45	56 − 8	45	78 + 4	90	53 + 8	60
57 + 5	60	81 − 4	79	43 − 6	35	76 − 9	65
62 + 7	71	64 − 7	60	26 + 7	32	82 + 6	90
45 + 9	55	25 − 9	15	52 − 8	45	33 − 7	28

⑥ Ergänze die Zahlenfolgen! Schreibe die Regeln auf!

6a) 9, 14, 19, 24, ...
Regel: + 5

a) 9, 14, 19, 24, __, __, __, __, 49 Regel?

b) 72, 68, 64, 60, __, __, __, __, 40 Regel?

c) 100, 91, 82, 73, __, __, __, __, 28 Regel?

ⓓ 68, 75, 82, 89, __, __, 110 Regel?

Addition und Subtraktion üben; **1, 2** Additions- bzw. Subtraktionsaufgaben bilden; **3** Addition und Subtraktion im Wechsel; **4** Rechnen in Tabellen; **5** Ungleichungen; **6** Zahlenfolgen ergänzen, Bildungsregeln erkennen

E▸14 AH▸16 A▸14

① Deine Körpermaße:

Armspanne

Elle

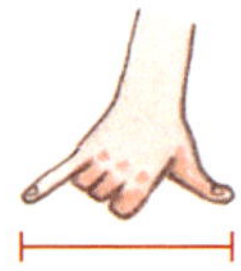

Handspanne

Fingerbreite

Schritt

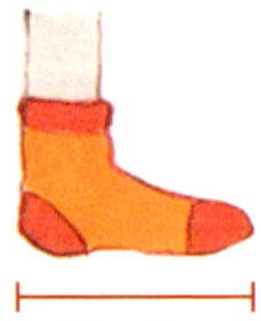

Fuß

a) Wie viele Handspannen?

lange Seite des Tisches
ein Fenster
lange Seite des Mathematikbuches
das Waschbecken

1 a) Tisch: ... Handspannen

b) Mit welchem Körpermaß kannst du hier messen?
Schätze die Längen zuerst! Miss dann!

Breite der Tür
Länge des Klassenraumes
Länge eines Pinsels
Länge des Zeichenblocks
ein Stück Kreide
Höhe des Tisches

b)	Körpermaß	geschätzt	gemessen
Tür			
Klasse			

c) Vergleicht eure Ergebnisse!

②

	Länge Klassenraum in Fuß	Länge Klassenraum in Schritten
Lena	40	14
Ali	36	15
Vedat	42	17

Wer hat die größten Füße?
Wer macht die kleinsten Schritte?

1 Körpermaße kennen lernen; Gegenstände mit den eigenen Körpermaßen ausmessen; geschickte Maßeinheiten zum Ausmessen wählen; erkennen, dass Körpermaße bei verschiedenen Personen schlecht vergleichbar sind; **2** aus den Maßzahlen Rückschlüsse auf die Körpermaße der Kinder ziehen E▸15 AH▸17 A▸15

①

Körpermaße sind unterschiedlich.
Ein Meter ist immer gleich lang.

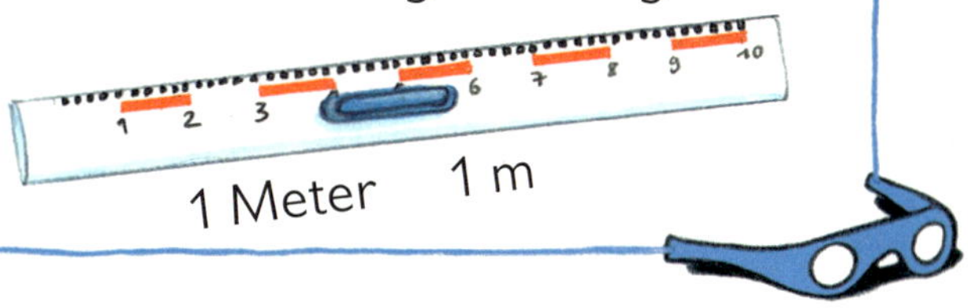

② Schneide ein Stück Schnur ab, das 1 m lang ist!

a) Lege mit anderen Kindern Strecken, die 1 m, 2 m, 3 m und 5 m lang sind!

b) Wie lang ist euer Klassenraum in Metern?

③ Finde Dinge, die etwa 1 m lang sind!

④ Wohin gehören die Zettel?

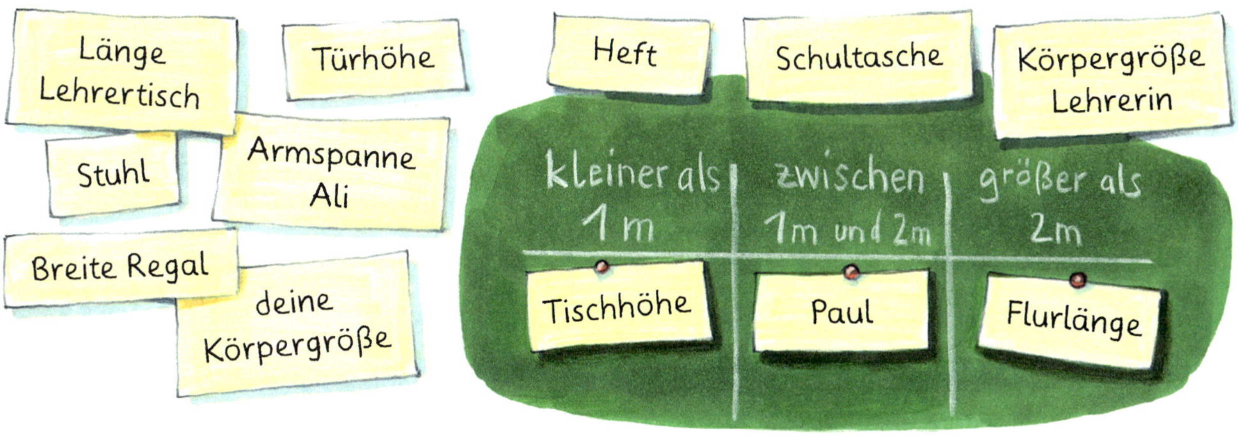

⑤ Spielt „Ich sehe was, was du nicht siehst“!
Ich sehe etwas, das ist …

a) … etwa 2 m lang.

b) … ungefähr 1 m lang.

c) … kleiner als 1 m.

d) … genau 1 m hoch.

e) … breiter als 5 m.

f) … höher als 3 m.

1 die Maßeinheit „Meter“ kennen lernen; **2** Strecken mit mehreren Meterschnüren legen; den Klassenraum in Metern ausmessen; **3** mit Hilfe der Meterschnur Repräsentanten für die Länge „1 m“ finden; **4** Größen der Gegenstände einschätzen; **5** Längen von Gegenständen in der Umgebung schätzen

E▸15 AH▸17 A▸15

Längen – Meter und Zentimeter

① Messen in Meter und Zentimeter

a) Notiere die Größen der Kinder!

b) Ordne die Kinder der Größe nach!

c) Bildet kleine Gruppen in eurer Klasse! Messt und vergleicht wie oben!

1a)	Name	Größe
	Max	... m ... cm

1 Meter = 100 Zentimeter
1 m = 100 cm

② Wie groß sind die Dinge in Wirklichkeit? Ordne zu!

16 cm | 4 m | 60 m | 10 m | 1 cm | 4 cm | 30 cm | 2 m

③ Miss und berechne die Länge!

3a)	7 cm + ... cm = ... cm

a) b) c)

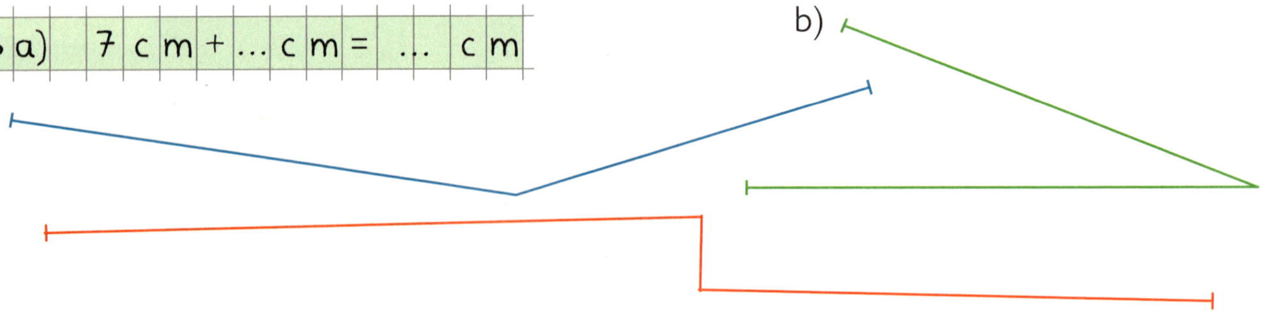

④ Die Strecken sollen 1 m lang werden. Ergänze!

4a)	20 cm + 80 cm = 1 m

a) 20 cm + __ cm b) 50 cm + __ cm c) 30 cm + __ cm

ⓓ 10 cm + 70 cm + __ cm ⓔ 20 cm + 40 cm + __ cm

1 Größen der Kinder der Zeichnung entnehmen, in gemischter Schreibweise „1 m 24 cm“ notieren; der Größe nach ordnen, in Kleingruppen die eigene Körpergröße messen und vergleichen; **2** Größen der Gegenstände schätzen; **3** Längen messen und berechnen; **4** Beziehung zwischen Meter und Zentimeter herstellen, ergänzen E▸16 AH▸18 A▸16

① Miss genau!

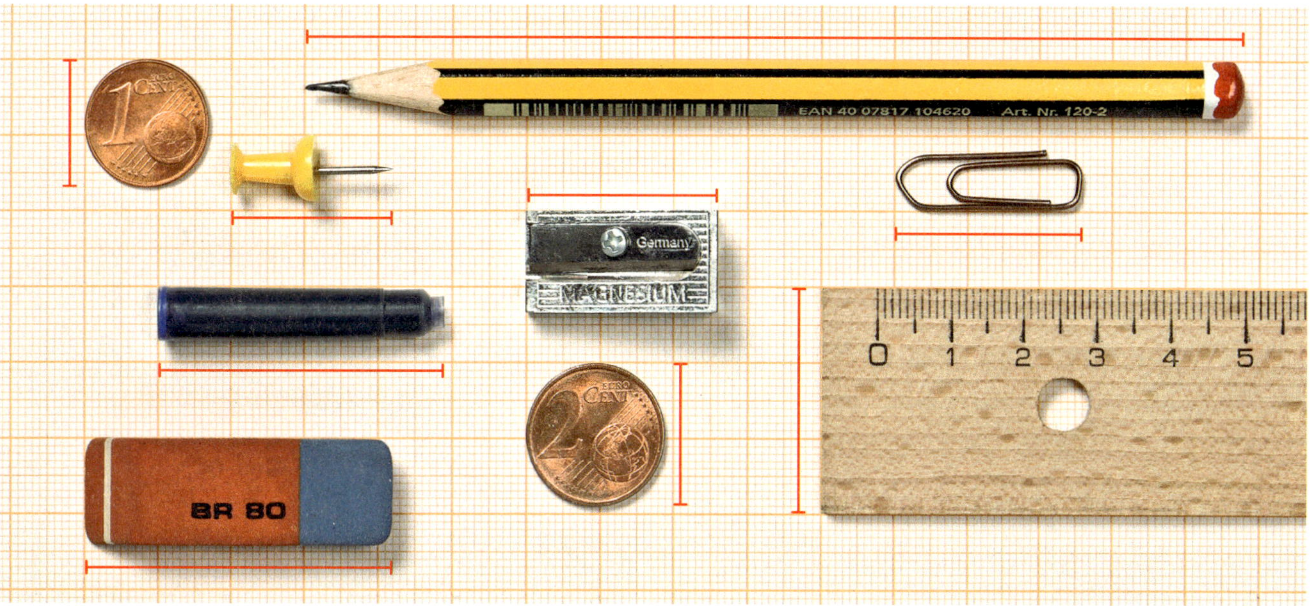

② Finde Dinge, die etwa 1 mm dick sind!

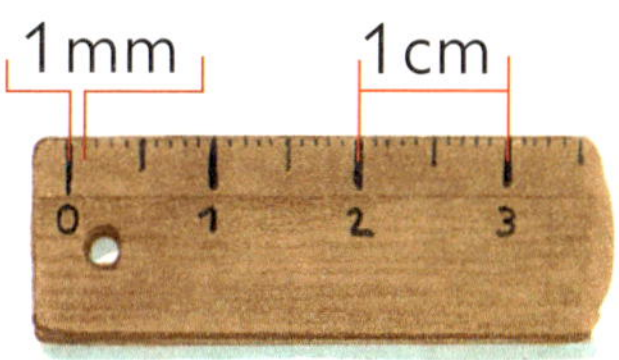

1 Zentimeter = 10 Millimeter
1 cm = 10 mm

③ Miss genau!

a) Wie lang und breit sind deine Rechenkästchen?

b) Wie dick ist dein Mathebuch?

c) Wie dick ist das Ende deines Bleistifts?

④ Ordne zu!

4) 15 mm = 1 cm 5 mm

28 mm

1 cm 5 mm

15 mm

93 mm

4 cm 7 mm

47 mm

9 cm 3 mm

2 cm 8 mm

35 mm

61 mm

6 cm 1 mm

3 cm 5 mm

Das kann ich schon!

① Plusaufgaben bilden, Ergebnisse schätzen

52 44 63 + 6 4 5

Schreibe Aufgaben mit Ergebnissen …

a) … kleiner als 50!

b) … größer als 50!

② Minusaufgaben bilden, Ergebnisse schätzen

86 70 67 − 6 3 5

Schreibe Aufgaben mit Ergebnissen …

a) … kleiner als 70!

b) … größer als 70!

③ Rechenwege

a) 48 + 7 = __
57 + 5 = __
86 + 9 = __
74 + 6 = __

b) 64 − 8 = __
85 − 9 = __
32 − 7 = __
66 − 9 = __

Rechne mit deinem Rechenweg!

3 a) 4 8 + 7 = …

④ Zahlenfolgen

a) 50, 52, 54, __, __, __, __, 64 Regel?

b) 100, 95, 90, __, __, __, __, 65 Regel?

c) 86, 82, 78, __, __, __, __, 58 Regel?

d) 31, 37, 43, __, __, __, __, 73 Regel?

Welche Zahlen fehlen?
Wie heißt die Regel?

Ich erfinde eigene Zahlenfolgen.

⑤ Super-Päckchen!

a) 47 + 5 = __
47 + 6 = __
47 + 7 = __
47 + _ = __
__ + _ = __

b) 64 − 8 = __
64 − 7 = __
64 − 6 = __
64 − _ = __
__ − _ = __

Rechne!
Wie geht es weiter?

1, 2 Additions- und Subtraktionsaufgaben bilden, Ergebnisse schätzen, rechnen; **3** eigenen Rechenweg bei der Addition und Subtraktion mit Zehnerübergang notieren; **4** Zahlenfolgen und Regeln; **5** Muster/Struktur als Rechenvorteil nutzen E▶17 A▶17

ABC-*Freunde*

Grundwissen
Deutsch

VOLK UND WISSEN

ABC-*Freunde*
Grundwissen
Deutsch
VOLK UND WISSEN

ABC-*Freunde*
Grundwissen
Deutsch
VOLK UND WISSEN

ABC-*Freunde*
Grundwissen
Deutsch
VOLK UND WISSEN

ABC-*Freunde*
Grundwissen
Deutsch
VOLK UND WISSEN

ABC-*Freunde*
Grundwissen
Deutsch
VOLK UND WISSEN

ABC-*Freunde*
Grundwissen
Deutsch
VOLK UND WISSEN

ABC-*Freunde*
Grundwissen
Deutsch
VOLK UND WISSEN

ABC-*Freunde*
Grundwissen
Deutsch
VOLK UND WISSEN

ABC-*Freunde*
Grundwissen
Deutsch
VOLK UND WISSEN

ABC-*Freunde*
Grundwissen
Deutsch
VOLK UND WISSEN

ABC-*Freunde*
Grundwissen
Deutsch
VOLK UND WISSEN

① Tauschaufgaben bilden

a) 3 + 88 = __
72 + 9 = __
6 + 59 = __

b) 67 + 8 = __
6 + 34 = __
48 + 5 = __

Rechne zuerst die leichtere Aufgabe!

1	a)		3	+	8	8	=	…	
		8	8	+		3	=	9	1

② Mit der Umkehraufgabe prüfen

a) 71 − 5 = __
43 − 8 = __
62 − 9 = __

b) 98 − 8 = __
36 − 7 = __
45 − 6 = __

Rechne zuerst!
Prüfe dann!

2	a)	7	1	−	5	=	6	6
		6	6	+	5	=	…	

③ Geschickt rechnen

a) 75 + 9 = __
36 + 9 = __
48 + 9 = __
84 + 9 = __

b) 27 − 9 = __
34 − 9 = __
52 − 9 = __
93 − 9 = __

④ Längen

15 cm | 4 m | 7 mm | 30 cm | 2 m

a) Was passt zusammen?

4	a)	Tafel:	…
		Bleistift:	…

b) Ordne die Längen der Größe nach!

⑤ Messen und rechnen

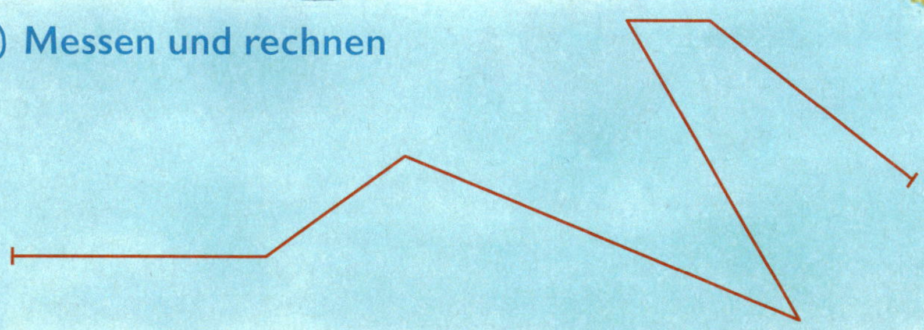

a) Wie lang ist die Linie? Miss und rechne!

b) Zeichne eigene Linien! Wie lang sind sie?

Addieren ohne Zehnerübergang

1

1	2	3	4	5	6	7	8	9	10
11	12	13	14	15	16	17	18	19	20
21	22	23	24	25	26	27	28	29	30
31	32	33	34	35	36	37	38	39	40
41	42	43	44	45	46	47	48	49	50
51	52	53	54	55	56	57	58	59	60
61	62	63	64	65	66	67	68	69	70
71	72	73	74	75	76	77	78	79	80
81	82	83	84	85	86	87	88	89	90
91	92	93	94	95	96	97	98	99	100

37 + 20

2 Rechne!

a) 38 + 10 = __
45 + 20 = __
52 + 30 = __
29 + 50 = __

b) 40 + 16 = __
20 + 32 = __
50 + 36 = __
60 + 27 = __

c) 23 + __ = 53
56 + __ = 96
37 + __ = 57
89 + __ = 99

d) __ + 35 = 55
__ + 25 = 75
__ + 17 = 47
__ + 72 = 82

10 10 20 20 30 30 40 48 50 52 56 65 79 82 86 87 92

3 Super-Päckchen! Addiere! Wie geht es weiter?

a) 9 + 20
19 + 20
29 + 20
39 + 20
__ + __

b) 6 + 90
16 + 80
26 + 70
36 + 60
__ + __

c) 30 + 24
30 + 34
30 + 44
30 + 54
__ + __

d) 80 + 17
70 + 27
60 + 37
50 + 47
__ + __

4 Wie viel kostet es zusammen?

a)

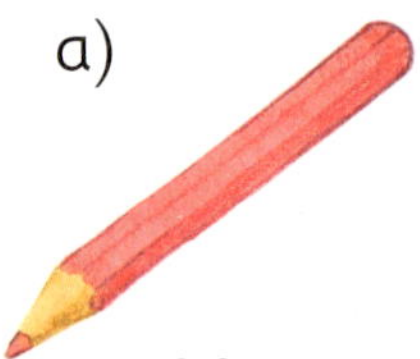
20 ct

55 ct

b)

17 €

40 €

c)

32 €

10 €

4a) 55 ct + 20 ct = ... ct

1 verschiedene Veranschaulichungsmittel besprechen; 2 Addition von Zehnerzahlen und gemischten Zehnerzahlen üben; 3 Struktur der Päckchen erkennen und beim Rechnen nutzen, die Päckchen fortsetzen; eigene Päckchen mit Struktur erfinden; 4 zu den Bildaufgaben Rechenaufgaben notieren E▸18 AH▸19 A▸18

①

1	2	3	4	5	6	7	8	9	10
11	12	13	14	15	16	17	18	19	20
21	22	23	24	25	26	27	28	29	30
31	32	33	34	35	36	37	38	39	40
41	42	43	44	45	46	47	48	49	50
51	52	53	54	55	56	57	58	59	60
61	62	63	64	65	66	67	68	69	70
71	72	73	74	75	76	77	78	79	80
81	82	83	84	85	86	87	88	89	90
91	92	93	94	95	96	97	98	99	100

54 + 25

② Notiere deinen Rechenweg!

2a) 26 + 42 = ...

a)	b)	c)	d)
26 + 42	25 + 32	54 + 21	34 + 45
32 + 45	53 + 16	82 + 17	52 + 26
64 + 13	76 + 22	45 + 13	13 + 55
31 + 46	36 + 41	62 + 27	61 + 27

57 58 68 68 69 75 77 77 77 77 78 79 88 89 98 98 99

③ Super-Päckchen!

a)	b)	c)	d)	e)
53 + 14	32 + 66	14 + 25	61 + 35	12 + 87
53 + 24	32 + 56	24 + 25	51 + 35	22 + 77
53 + 34	32 + 46	34 + 25	41 + 35	32 + 67
53 + 44	32 + 36	44 + 25	31 + 35	42 + 57
__ + __	__ + __	__ + __	__ + __	__ + __

④ Rätsel

Wenn du zur Zahl 53 4 Zehner und 5 Einer hinzurechnest … Mona

Gehe in der Hundertertafel von 36 aus vier Felder nach unten und drei Felder nach rechts! Ali

Meine Zahl ist um 25 größer als das Doppelte von 31. Tim

Starte am Rechenstrich bei 42! Mache 3 Zehner- und 5 Einer-sprünge nach rechts! Pauline

1 Rechenkonferenz: Rechenwege bei der Addition zweistelliger Zahlen ohne Zehnerübergang besprechen; **2** Addition zweistelliger Zahlen ohne Zehnerübergang üben; **3** Struktur der Päckchen erkennen und beim Rechnen nutzen, die Päckchen fortsetzen; **4** die gesuchten Zahlen berechnen

E▸18 AH▸19 A▸18

Addieren üben

1 a) 40 + 47, 38 + 50, 61 + 30, 10 + 83
b) 62 + 24, 72 + 25, 66 + 21, 15 + 43
c) 15 + 73, 32 + 43, 12 + 37, 38 + 41
d) 32 + 57, 46 + 22, 45 + 34, 28 + 61
e) 53 + 17, 21 + 78, 35 + 34, 44 + 44

a)	b)	c)	d)	e)
40 + 47	62 + 24	15 + 73	32 + 57	53 + 17
38 + 50	72 + 25	32 + 43	46 + 22	21 + 78
61 + 30	66 + 21	12 + 37	45 + 34	35 + 34
10 + 83	15 + 43	38 + 41	28 + 61	44 + 44

49 58 67 68 69 70 75 79 79 86 87 87 88 88 88 89 89 91 93 97 99

2 Bilde Aufgaben! Addiere!

2) 65 + 15 = 80
65 + 32 =

32 65 44 21 + 15 32 34

3 Ordne zu!

16 + 34 | 24 + 33 | 35 + 12 | 21 + 29 | 17 + 31 | 36 + 24 | 32 + 18 | 15 + 42 | 23 + 26

3)	< 50	= 50	> 50
	35 + 12		

< 50 | = 50 | > 50

4 Wie geht es weiter? Schreibe die Regel auf!

4a) 6, 16, 26, 36, ...
Regel: + 10

a) 6, 16, 26, __, __, __, __, __, __, 96 Regel?

b) 11, 22, 33, __, __, __, __, __, __, 110 Regel?

c) 12, 24, 36, __, __, __, __, 96 Regel?

d) 8, 12, 16, __, __, __, __, __, 40 Regel?

5 Bilde Plusaufgaben! Benutze immer alle 4 Karten!

a) 0 2 3 6

b) 1 0 3 5

C Fällt dir bei den Ergebnissen etwas auf? Beschreibe und erkläre!

1 Addition üben; **2** Additionsaufgaben aus zwei Summanden bilden; Herausforderung: alle möglichen Aufgaben finden; **3** Terme mit Zahlen vergleichen; **4** Zahlenfolgen fortsetzen, die Regel innerhalb einer Folge notieren; **5** aus den Ziffern Additionsaufgaben bilden, Besonderheit der Ergebnisse beschreiben und erklären E▶19 AH▶20 A▶19

①

Erzähle deine Rechengeschichte!
Was möchtest du wissen?

② Wie viel kostet es?
Lege, rechne und schreibe auf!

2a) 43 € + 13 € = 56 €

a) Nele wünscht sich …

b) Tom wünscht sich …

c) Ali wünscht sich …

d Naomi wünscht sich …

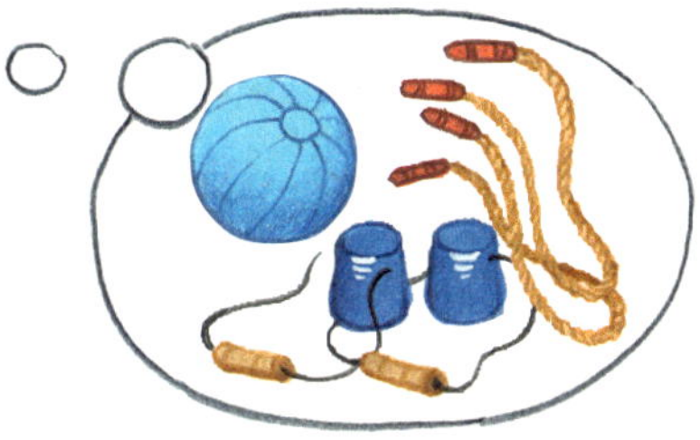

e Susi wünscht sich …

③ Was wünschen sich die Kinder?
So viel kostet es:

a) 44 € b) 75 € **c** 80 €

④ Welche Wünsche hast du?
Erfinde eigene Rechengeschichten!

1 zum Bild erzählen, eigene Fragen und evtl. Rechnungen formulieren; **2** berechnen, wie viel die Wünsche jedes Kindes kosten; **3** vom Gesamtpreis auf die gewünschten Spielzeuge schließen; **4** eigene Rechengeschichten erzählen oder schreiben

E▶19 AH▶20 A▶19

Subtrahieren ohne Zehnerübergang

①

② Rechne!

a) 37 – 20 = __
58 – 10 = __
46 – 30 = __
65 – 20 = __

b) 83 – 20 = __
71 – 40 = __
69 – 30 = __
52 – 10 = __

c) 89 – __ = 29
93 – __ = 63
56 – __ = 16
99 – __ = 19

d) __ – 20 = 76
__ – 40 = 41
__ – 50 = 32
__ – 60 = 15

16 17 30 31 39 40 42 45 48 60 63 65 75 80 81 82 96

③ Super-Päckchen! Subtrahiere! Wie geht es weiter?

a) 83 – 10
83 – 20
83 – 30
83 – 40
__ – __

b) 76 – 60
76 – 50
76 – 40
76 – 30
__ – __

c) 84 – 20
74 – 20
64 – 20
54 – 20
__ – __

d) 59 – 30
69 – 40
79 – 50
89 – 60
__ – __

④ Wie viel Geld bleibt übrig?

a)

40 ct

b)

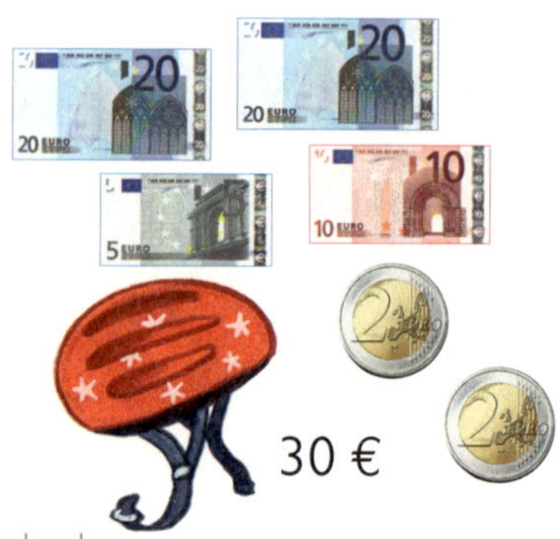

30 €

c)

20 €

4a) 79 ct – 40 ct = ... ct

1 verschiedene Veranschaulichungsmittel besprechen; **2** Subtraktion von Zehnern üben; **3** Struktur der Päckchen erkennen und beim Rechnen nutzen, die Päckchen fortsetzen; eigene Päckchen mit Struktur erfinden; **4** zu den Bildaufgaben Rechenaufgaben notieren E▶20 AH▶21 A▶20

1

87 − 24

2 Notiere deinen Rechenweg!

2a) 23 − 12 = ...

a)	b)	c)	d)
23 − 12	87 − 24	94 − 11	72 − 21
89 − 74	63 − 31	85 − 32	96 − 85
67 − 55	75 − 53	78 − 43	83 − 13
76 − 42	48 − 16	67 − 44	35 − 24

11 11 11 12 12 15 22 23 32 32 34 35 51 53 63 70 83

3 Super-Päckchen!

a)	b)	c)	d)
78 − 14	85 − 63	94 − 13	37 − 25
78 − 24	85 − 53	84 − 13	47 − 35
78 − 34	85 − 43	74 − 13	57 − 45
78 − 44	85 − 33	64 − 13	67 − 55
__ − __	__ − __	__ − __	__ − __

4 Rätsel

Starte am Rechenstrich bei der 59! Mache zwei Zehnersprünge und fünf Einersprünge nach links! Tim

Nimm von 87 zuerst 3 Zehner und dann 5 Einer weg! Du erhältst die Zahl … Alena

Gehe im Hunderterfeld von 76 fünf Felder nach oben und drei Felder nach links! Schreibe meine Aufgabe auf! Luise

Meine Zahl ist um 12 kleiner als 88. Max

1 Rechenkonferenz: Rechenwege bei der Subtraktion zweistelliger Zahlen ohne Zehnerübergang besprechen;
2 Subtraktion üben; 3 Struktur der Päckchen erkennen und beim Rechnen nutzen, die Päckchen fortsetzen;
E▸20 AH▸21 A▸20 eigene Päckchen mit Struktur erfinden; 4 die gesuchten Zahlen berechnen

Subtrahieren üben

1 a) 68 − 40, 34 − 10, 25 − 20, 92 − 60
b) 93 − 12, 58 − 56, 47 − 35, 39 − 27
c) 66 − 45, 55 − 34, 44 − 23, 33 − 12
d) 58 − 43, 93 − 52, 59 − 27, 48 − 36
e) 89 − 23, 75 − 25, 53 − 41, 68 − 58

2 5 10 12 12 12 12 15 19 21 21 21 21 24 28 32 32 41 50 66 81

2 Bilde Aufgaben. Subtrahiere!

2)	9	8	−	3	4	=	6	4
	9	8	−	4	1	=		

98 65 57 74 − 34 41 50

3 Finde Aufgaben mit Ergebnissen …

a) … kleiner als 50!

b) … größer als 50!

86 69 97 75 − 50 44 23

4 Wie geht es weiter? Schreibe die Regel auf!

4a)		9	7,	8	7,	7	7,	6	7,	…
		Regel:			−	1	0			

a) 97, 87, 77, __, __, __, __, __, 17 Regel?

b) 60, 55, 50, __, __, __, __, __, 20 Regel?

c) 99, 88, 77, __, __, __, __, __, 11 Regel?

d) 44, 42, 40, __, __, __, __, __, 28 Regel?

5 Minusaufgaben mit Ziffernkarten
Finde alle Aufgaben!

89 − 0 2 5 3

6 Wähle Ziffernkarten aus und bilde Minusaufgaben!

0 1 2 3 4 5 6 7

76 − 45 = 31
75 − 21 =

1 Subtraktion üben; **2** Subtraktionsaufgaben bilden; **3** Aufgaben mit besonderen Ergebnissen bilden; **4** Zahlenfolgen fortsetzen, die Regel innerhalb einer Folge notieren; **5** aus den Ziffern Subtrahenden bilden, Subtraktionsaufgaben rechnen; alle möglichen Aufgaben finden; **6** eigene Subtraktionsaufgaben mit den Ziffernkarten bilden E▸21 AH▸22 A▸21

Rechengeschichten

① Die Klasse 2a hat noch 99 € für ihre Klassenbücherei.

21 €

40 €

5 €

30 €

16 €

24 €

Erzähle deine Rechengeschichte!
Was möchtest du wissen?

② Wie viel Geld bleibt übrig?

a) Tom wünscht sich …

2a) 99 € − 16 € = … €
b) 99 € − …

b) Tim wünscht sich …

c) Anne wünscht sich …

ⓓ Lea wünscht sich …

ⓔ Vedat wünscht sich …

ⓕ Können alle Wünsche zusammen erfüllt werden? Begründe!

③ Was wurde von den 99 € gekauft?
So viel ist noch übrig:

a) 83 € b) 69 € ⓒ 54 €

④ Welche Wünsche hast du?
Erfinde eigene Rechengeschichten!

1 zum Bild erzählen, eigene Fragen und evtl. Rechnungen formulieren; **2** berechnen, wie viel Geld in der Klassenkasse übrig bliebe, würde der Wunsch erfüllt; **3** vom Restgeld auf die gekauften Bücher schließen; **4** eigene Rechengeschichten erzählen oder schreiben

E▸21 AH▸22 A▸21

Tauschaufgabe und Umkehraufgabe

① Tauschaufgaben

25 + 13 = ___ 13 + 25 = ___

Die Summanden kann ich tauschen.
Die Summe bleibt immer gleich.

② Rechne! Bilde auch die Tauschaufgabe!

2	a)		4	2	+	2	6	=	...	

a)	b)	c)	d)
42 + 26	35 + 22	25 + 65	36 + 51
18 + 31	54 + 15	56 + 23	43 + 35
53 + 24	72 + 17	37 + 41	52 + 17
66 + 32	41 + 25	44 + 15	42 + 58

49 57 59 66 68 69 69 77 78 78 79 87 89 90 98 99 100

③ Umkehraufgabe

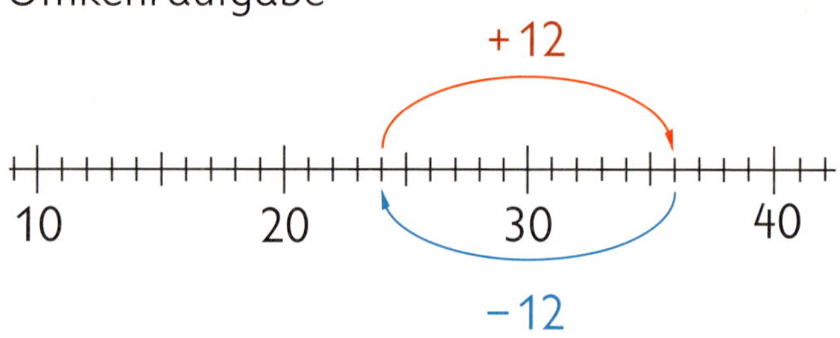

24 + 12 = 36
36 − 12 = 24

Erst 12 Schritte vor, dann wieder 12 zurück.

④ Rechne! Prüfe mit der Umkehraufgabe!

4	a)		3	5	−	1	2	=	2	3
			2	3	+	1	2	=	...	

a)	b)	c)	d)
35 − 12	66 − 24	38 − 14	59 − 53
74 − 21	45 − 15	69 − 62	76 − 14
86 − 15	67 − 33	47 − 25	68 − 27
99 − 34	59 − 34	86 − 43	94 − 42

⑤ Löse! Die Umkehraufgabe hilft dir.

a)	b)	c)	d)
___ + 42 = 62	___ − 11 = 75	___ + 23 = 44	___ + 46 = 58
___ + 30 = 45	___ − 22 = 22	___ − 32 = 15	___ − 13 = 62
___ + 16 = 48	___ − 34 = 21	___ + 17 = 78	___ + 28 = 69
___ + 24 = 55	___ − 43 = 34	___ − 26 = 53	___ − 36 = 14

1 Begriff „Tauschaufgabe" wiederholen; **2** Tauschaufgaben bilden; **3** Begriff „Umkehraufgabe" wiederholen; **4** Umkehraufgabe als Kontrolle nutzen; **5** Umkehraufgaben als Hilfe beim Rechnen mit Platzhaltern

E▸22 AH▸23 A▸22

①

13 + 25 = 38
25 + 13 = ___
38 – 25 = 13
___ – 13 = 25

② Aufgabenfamilien

a)	b)	c)	d)
61 + 15 = 76	34 + 23 = ___	26 + 42 = ___	63 + 37 = ___
15 + 61 = ___	23 + 34 = ___	___ + ___ = ___	___ + ___ = ___
76 – 15 = ___	___ – 23 = ___	___ – ___ = ___	___ – ___ = ___
76 – ___ = ___	___ – 34 = ___	___ – ___ = ___	___ – ___ = ___

③ 3 Zahlen – 4 Aufgaben

3a)	41 + 24 = 65
	24 + 41 = ...
	65 – 24 = ...
	65 – 41 = ...

a) 65, 24, 41

b) 73, 98, 25

c) 86, 24, 62

④ Finde passende Zahlen! Bilde Aufgabenfamilien!

a) 74, ___, 12

b) 35, 67, ___

c) 87, ___, 13

d) 78, ___, ___

⑤ Hier verstecken sich viele Aufgabenfamilien. Wie viele findest du?

11, 34, 46, 12, 23, 57, 45, 102

1–5 aus einer Additionsaufgabe, deren Tauschaufgabe und beiden Umkehraufgaben werden Aufgabenfamilien; Zusammenhang zwischen Addition und Subtraktion; **4** verschiedene Lösungen/Schwierigkeitsgrade, Möglichkeit zur Überschreitung des Zahlenraumes bis 100

E▸22 AH▸23 A▸22

Addieren und Subtrahieren üben

① Zahlenmauern mit gleichen Basissteinen

a) Welche Ergebnisse bekommen Lea und Tim oben im Deckstein?
b) Finde viele verschiedene Mauern mit diesen Basissteinen!
ⓒ Welche Mauern haben das größte Ergebnis im Deckstein?
Welche Zahl steht bei diesen Mauern im mittleren Basisstein?

②

③ Baue Zahlenmauern! Benutze diese Steine!

a) 2, 8, 11, 10, 19, 29

b) 70, 36, 13, 34, 15, 21

ⓒ 53, 22, 10, 31, 94

④ Zeichne die Zahlenmauern der Kinder!

1 unterschiedliche Anordnung gleicher Basissteine beeinflusst die Zahl im Deckstein; besondere Bedeutung des mittleren Basissteins; 2, 3 Addieren und Subtrahieren üben; 4 Lösung durch Überlegen oder Probieren finden

E▸23 AH▸24 A▸23

① Löse die Rechenketten! Zeichne sie ab oder notiere Rechenaufgaben!
Kontrolliere: Die Zielzahlen sind 1 und 99.

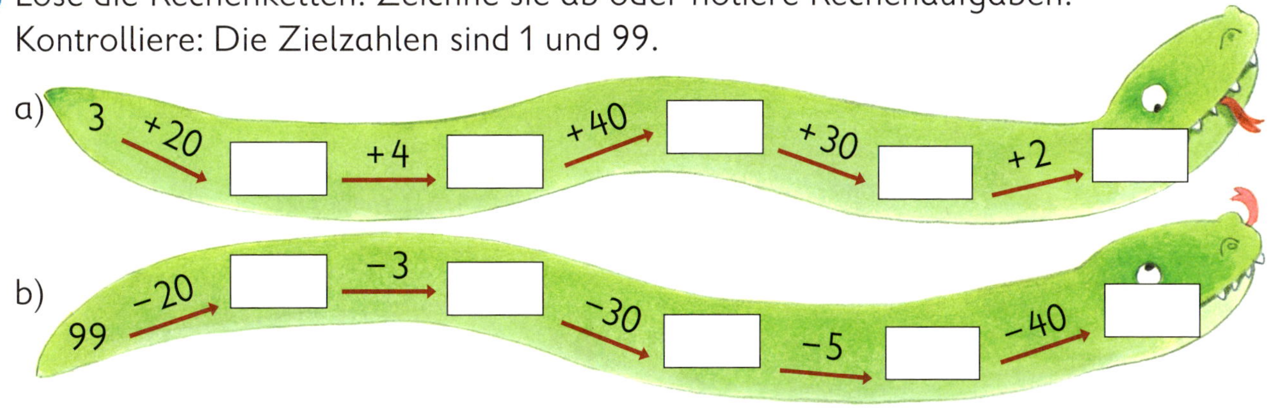

② Immer $\xrightarrow{+6}$ und $\xrightarrow{+4}$

a) Startzahlen:

18 25 90 76 53

2a) 18 $\xrightarrow{+6}$ 24 $\xrightarrow{+4}$ 28

25 $\xrightarrow{+6}$

ⓑ Vergleiche Startzahl und Zielzahl! Was fällt dir auf? Begründe!

③ Notiere wie in Aufgabe ②!

a) Immer $\xrightarrow{+12}$ und $\xrightarrow{+8}$

Startzahlen: 47, 53, 77, 81

b) Immer $\xrightarrow{+7}$ und $\xrightarrow{+13}$

Startzahlen: 35, 47, 23, 79

④ a) Immer $\xrightarrow{-4}$ und $\xrightarrow{-6}$

Startzahlen: 23, 32, 51, 72

b) Immer $\xrightarrow{-13}$ und $\xrightarrow{-7}$

Startzahlen: 34, 25, 97, 40

⑤ Wähle eine Aufgabe!
Das Ergebnis ist die Anfangszahl der nächsten Aufgabe.
Rechne immer weiter!

86 − 50 39 + 2 22 + 17 21 + 65 43 − 21 36 + 7 41 − 20

1–5 Rechenketten; **2** stets gleichen Unterschied zwischen Startzahl und Zielzahl erkennen und diesen Zusammenhang erklären; **3, 4** Erkenntnisse aus 2 übertragen

E▸23 AH▸24 A▸23

Auf dem Schulbasar

1

2 Nele wünscht sich die Fußballschuhe und das Lexikon.

Das weiß ich schon:

Fußballschuhe kosten: 21 €
Lexikon kostet: 8 €

Das will ich wissen:

Wie viel kostet es zusammen?

So finde ich das heraus:

21 € + 8 € = __ €

Das weiß ich jetzt:

Zusammen kostet es __ €.

2) Wie viel kostet es zusammen?

21 € + 8 € = ... €

Zusammen kostet es ...

1 zum Bild erzählen, evtl. Aufgaben finden, Kommaschreibweise beim Geld thematisieren;
2 Wiederholung des Grundmusters zum Lösen von Sachaufgaben

E ▸ 24 AH ▸ 25, 26 A ▸ 24

(1) Maja kauft das Rennauto und den Teddy.
Wie viel muss sie bezahlen?

1) 12 € + 5 € = … €
Sie muss … € bezahlen.

(2) Jan hätte gern die Fußballschuhe und den MP3-Player.
Wie viel Geld braucht er?

(3) Lea verkauft ihre Gitarre an Paul. Er bezahlt mit einem 50-€-Schein.
Wie viel Euro gibt sie zurück?

(4) Was willst du wissen? Rechne und antworte!

a) Das Videospiel kostet 7 € mehr als der Teddy.

b) Das Puzzle kostet halb so viel wie das Rennauto.

c) Tom hat 46 €. Er kauft den MP3-Player.

(d) Marie kauft das Lexikon und die Inlineskates.
Sie bezahlt mit einem 50-€-Schein.

4a) Wie viel kostet das Videospiel?
5 € + …
Das Videospiel …

(5)

(6) Du hast 60 €. Was kannst du dir davon kaufen?

(7) Erfinde eigene Rechengeschichten! Erzähle oder schreibe auf!

1–3 Grundmuster anwenden; **4, 5** eigenständig Fragen finden;
6 überschlagendes Rechnen bei der Formulierung eigener Wünsche; **7** Eigenproduktion von Rechengeschichten
E▸24 AH▸25, 26 A▸24

①

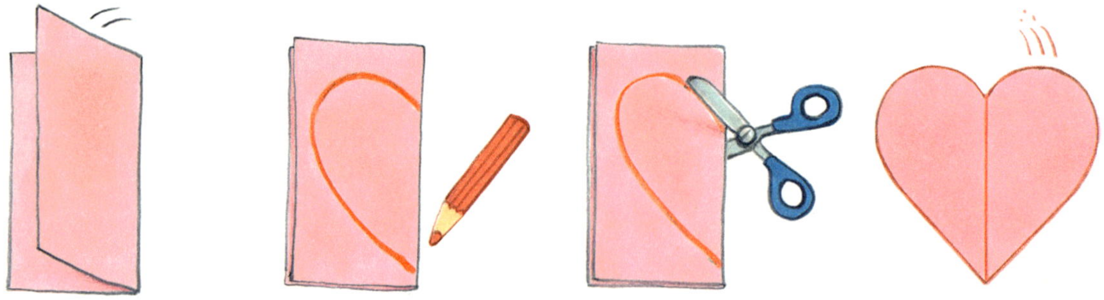

a) Falte und zeichne eigene Figuren!
Schneide aus!
Markiere die Faltachse mit Rot!

b) Die Faltachse nennt man auch Spiegelachse.
Prüfe wie Super M!

Figuren mit einer Spiegelachse sind symmetrische Figuren. Deshalb nennt man die Spiegelachse auch Symmetrieachse.

Manche Figuren haben mehrere Symmetrieachsen.

② Stelle diese symmetrischen Figuren her!
Zeichne die Symmetrieachsen ein!

③ In unserer Umwelt gibt es viele symmetrische Dinge.
Finde mit Hilfe des Spiegels die Spiegelachsen!

a) 

b) 

c) 

d) 

e) 

f) 

1, 2 symmetrische Figuren herstellen, Begriffe „symmetrisch“, „deckungsgleich“, „Symmetrieachse“ wiederholen, Begriff „Spiegelachse“ kennen lernen; **3** Symmetrien erkennen

E▸25 AH▸27, 28 A▸25

1. Symmetrisch oder nicht symmetrisch? Prüfe mit dem Spiegel!

2. Lege die Figuren nach! Ergänze zum Spiegelbild!

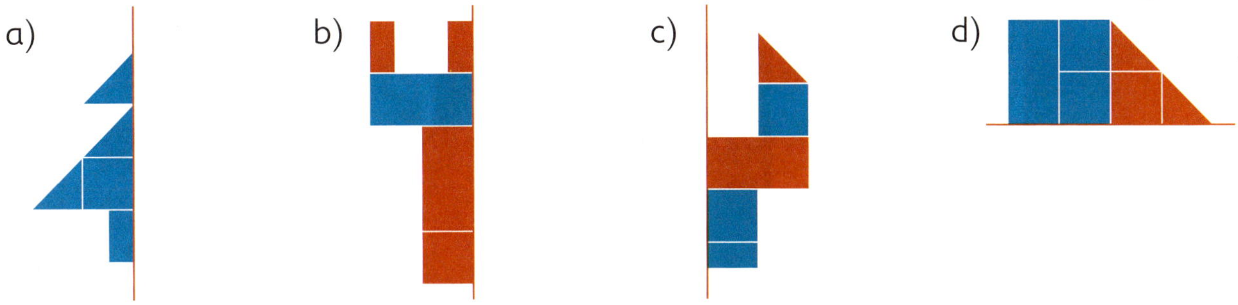

3. Welche dieser Buchstaben sind symmetrisch? Wo liegt die Spiegelachse?
Überprüfe mit dem Spiegel!

E A X M H G T S

4. Spiegelsymmetrische Wörter. Ein Spiegel kann dir helfen.

5. Geheimschrift

Anna schreibt an Tim:

Tim antwortet:

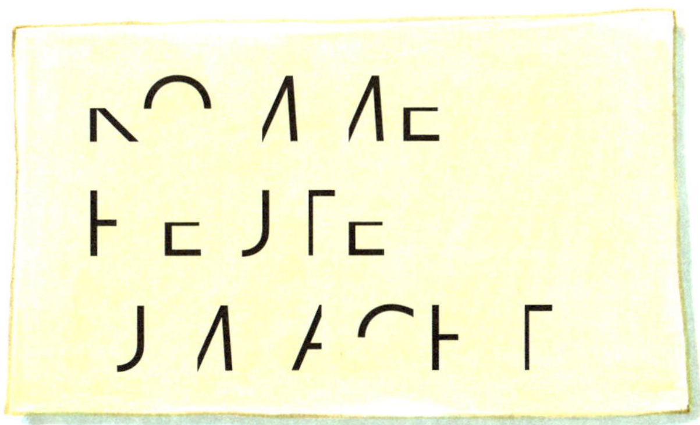

Falten und schneiden

① Scherenschnitt. Wo sind die Symmetrieachsen?
Prüfe mit dem Spiegel!

② Was ist das? Prüfe mit dem Spiegel!

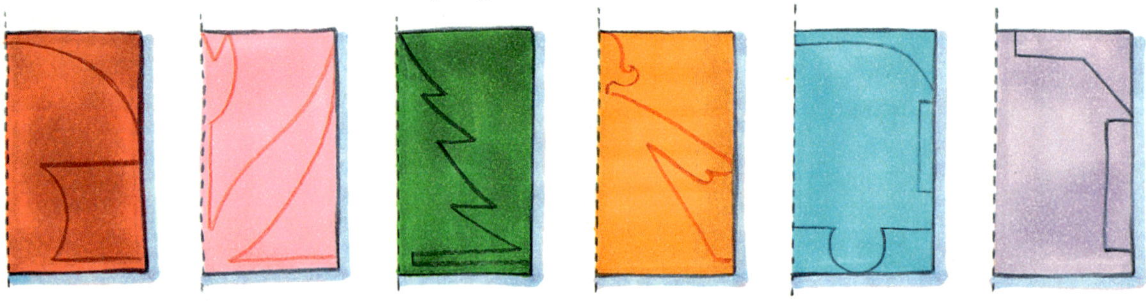

③ Bastle einen Scherenschnitt! Wähle oben aus!
Arbeite so:

1
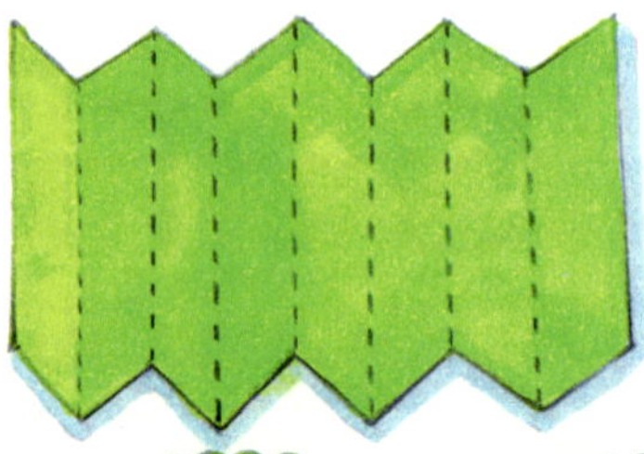

2

3

4

④

1 Symmetrieachsen im Scherenschnitt erkennen; **2** symmetrische Figuren erkennen, als Vorlage für Aufgabe 3 nutzen; **3** Arbeitsanleitung lesen und umsetzen, symmetrische Figuren herstellen; **4** Gestaltungsanregungen

E►26 AH►29 A►26

Muster und Parkettierungen

① Wo hast du schon Muster gesehen?

② Lege die Muster der Kinder nach!

③ Lege die Muster und setze sie fort!

a) 

b) 

c) Erfinde eigene Muster!

④ Zeichne die Muster in dein Heft! Setze sie fort!

a) 

b) 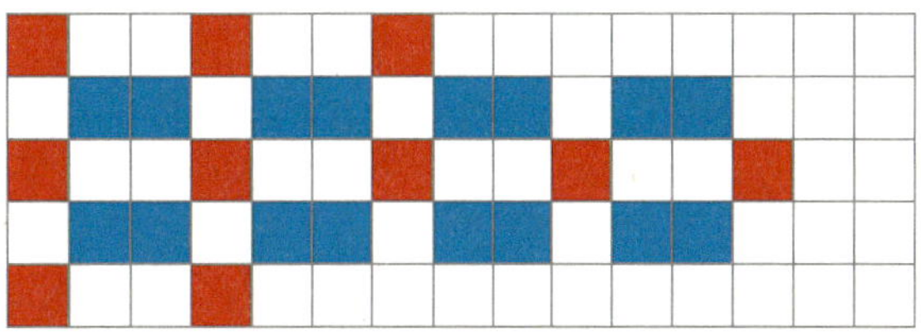

c) 

d) Erfinde eigene Muster!

1 Muster in der Umwelt entdecken und beschreiben; **2, 3** Muster nachlegen und fortsetzen;
4 Muster in Freihandzeichnungen erstellen

E▸26 AH▸29 A▸26

① Aufgaben bilden

56 33 44 + − 30 13 21

a) Schreibe Plusaufgaben und rechne aus!

b) Schreibe Minusaufgaben und rechne aus!

② Aufgabenfamilien bilden

a) 78 35 43

b) 38 88 50

c) 55 ___ 24

d) ___ 100 ___

Rechne immer 4 Aufgaben!

2	a)	4	3	+	3	5	=	7	8	
		3	5	+	4	3	=	…		
		7	8	−	3	5	=	…		
		7	8	−	4	3	=	…		

③ Super-Päckchen!

a)
43 + 15 = ___
43 + 25 = ___
43 + 35 = ___
43 + ___ = ___
___ + ___ = ___

b)
72 + 26 = ___
62 + 26 = ___
52 + 26 = ___
42 + ___ = ___
___ + ___ = ___

c)
88 − 24 = ___
88 − 34 = ___
88 − 44 = ___
___ − ___ = ___
___ − ___ = ___

d)
69 − 17 = ___
59 − 17 = ___
49 − 17 = ___
___ − ___ = ___
___ − ___ = ___

Rechne!
Wie geht es weiter?

Ich erfinde eigene Super-Päckchen.

1 Additions- und Subtraktionsaufgaben mit zweistelligen Zahlen ohne Übergang; **2** Aufgabenfamilien zusammenstellen, passende Zahlen finden; **3** Muster und Strukturen in Rechenpäckchen erkennen und nutzen, Päckchen fortsetzen E▸27 A▸27

① Symmetrie

a) b) c)

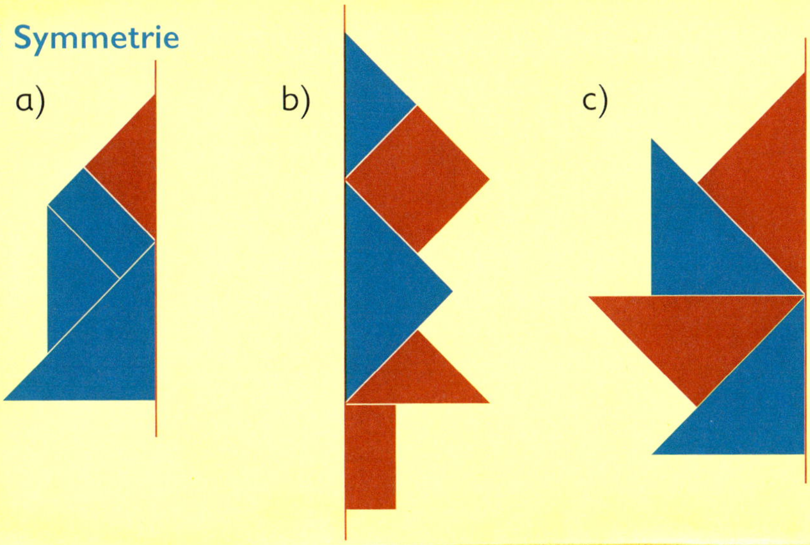

Lege die Figuren nach! Ergänze zum Spiegelbild!

② Rechengeschichten

a) Lisas Vater kauft die Skier und die Skischuhe.

Das weiß ich schon:

Skier kosten __ €
Skischuhe kosten __ €

Das will ich wissen:

Wie viel …

So finde ich das heraus:

__ € + __ € = __ €

Das weiß ich jetzt:

Zusammen …

b) Ali wünscht sich die Schlittschuhe und das Buch.

c) Alena kauft das Fahrrad. Sie bezahlt mit einem 50-€-Schein.

d) Anna kauft 2 Dinge. Sie muss 22 € bezahlen.

Ich erfinde eigene Rechengeschichten.

1 Figuren zu Spiegelbildern vervollständigen;
2 Rechengeschichten mit Geld, Grundmuster zur
E▶27 A▶27 Lösung von Sachaufgaben anwenden

Malaufgaben im Klassenraum

(1)

4
1 · 4 = 4

4 + 4 = 8
2 · 4 = 8

4 + 4 + 4 = 12
3 · 4 = 12

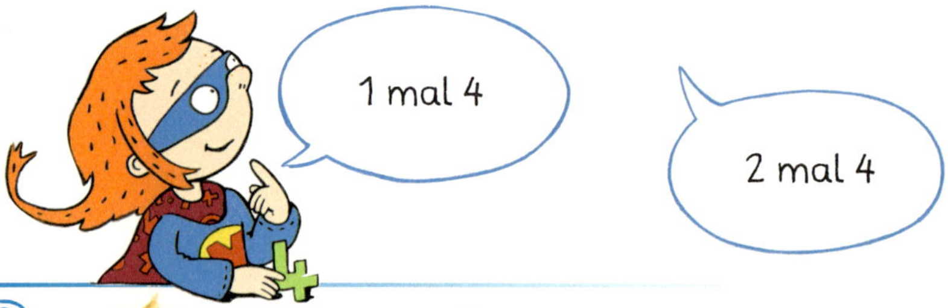

(2)

6 + 6 = ___
2 · 6 = ___

3 + 3 + 3 + 3 = ___
4 · 3 = ___

5 + _ + _ = ___
_ · 5 = ___

(3) Sammelt in der Klasse Bilder und Gegenstände,
bei denen ihr Malaufgaben entdeckt!
Macht eure eigene Malaufgaben-Ausstellung!

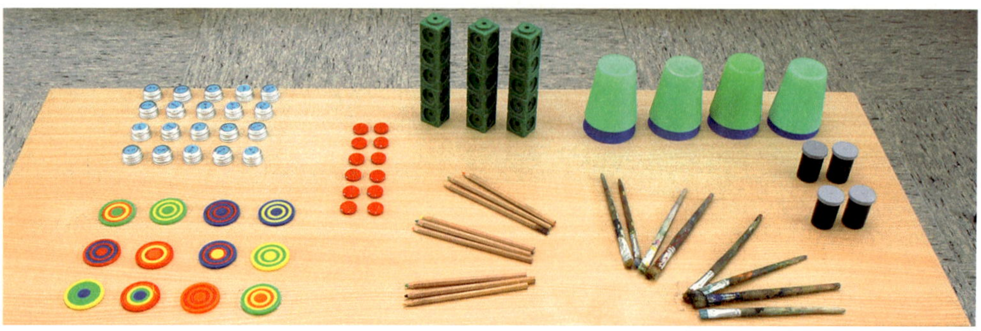

1–3 Malaufgaben im Klassenraum, Zusammenhang zwischen Plus- und Malaufgaben, Sachsituationen beschreiben, passende Sachsituationen im Klassenraum suchen, Aufbau einer Malaufgaben-Ausstellung

E▶28 AH▶30 A▶28

① Schreibe immer eine Plusaufgabe und eine Malaufgabe! Rechne!

1	a)	5	+	5	=	1	0
		2	·	5	=	1	0

a)

5 + 5 = __
2 · 5 = __

b)

9 + 9 + 9 + 9 = __
_ · _ = __

c)

d)

e)

f)

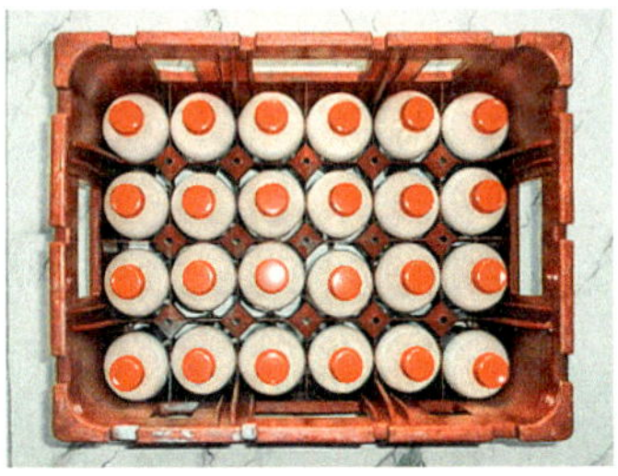

g)

h)

② Lege mit Steckwürfeln und notiere die Plus- und Malaufgaben!

2	a)	5	+	5	+	5	+	5	=	2	0
						4	·	5	=	2	0

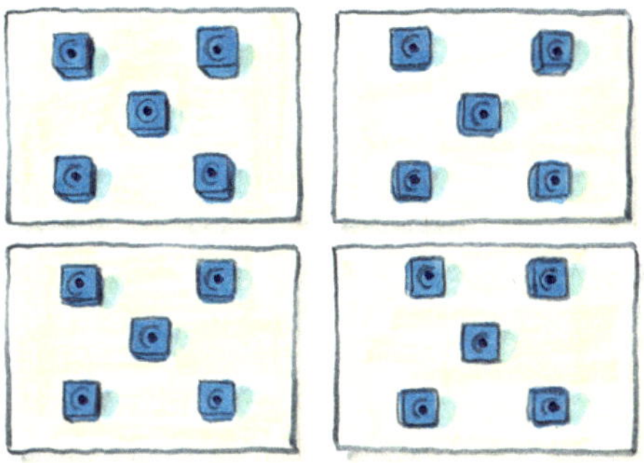

a) 4 Blätter mit je 5 Würfeln

b) 5 Blätter mit je 1 Würfel

c) 6 Blätter mit je 3 Würfeln

d) 5 Blätter mit je 7 Würfeln

e) 3 Blätter mit je 0 Würfeln

f) 4 Blätter mit je 0 Würfeln

g) Lege eigene Malaufgaben!

1, 2 Zusammenhang zwischen Plus- und Malaufgaben, Situationen aus der Umwelt;
2 besondere Rolle der Null thematisieren

E▸28 AH▸30 A▸28

Von der Addition zur Multiplikation

① Schreibe zu jedem Punktebild eine Plusaufgabe und eine Malaufgabe!

1a)	5 + 5 + 5 = 15	
	3 · 5 = 15	

a) 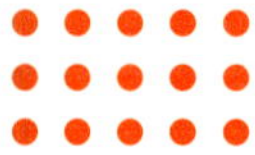

b) 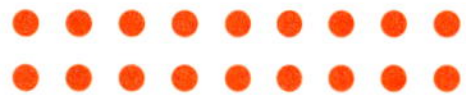

c) 

d) 

e) 

f) 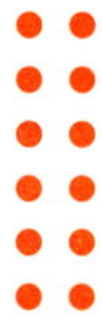

g) 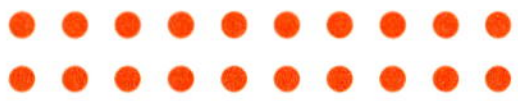

h) 

i) Zeichne eigene Punktebilder und schreibe dazu immer 2 Aufgaben!

② Finde immer die passende Malaufgabe! Rechne!

2a)	4 · 6 = ...

a) 6 + 6 + 6 + 6 = __

b) 1 + 1 + 1 + 1 = __

c) 8 + 8 = __

d) 0 + 0 + 0 + 0 + 0 + 0 = __

e) 9 + 9 + 9 = __

f) 10 + 10 + 10 + 10 = __

g) 2 + 2 + 2 + 2 + 2 + 2 + 2 + 2 = __

③ Finde immer eine Plusaufgabe und eine Malaufgabe!

a) Vanessa, Laura und Kevin stellen Stühle in den Stuhlkreis. Jeder trägt 2 Stühle.

ⓑ Lena gießt die Blumen. Auf 4 Fensterbänken stehen je 6 Blumentöpfe.

1 Plus- und Malaufgaben zu Punktebildern finden;
2, 3 Malaufgaben finden, schreiben, legen; Multiplikation mit der Null besprechen

E▸29 AH▸31 A▸29

①

Aufgabe und Tauschaufgabe haben immer das gleiche Ergebnis.

② Schreibe zu jedem Bild 2 Malaufgaben!

2	a)	3	·	4	=	1	2
		4	·	3	=	1	2

a) 

b) 

c) 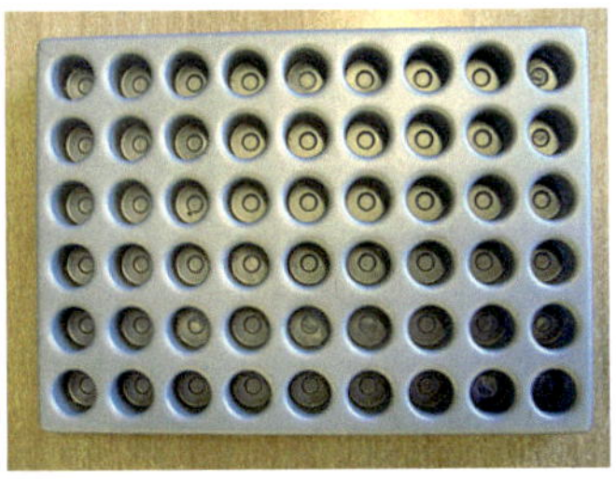

d) 

e) 

③ Finde immer 2 Malaufgaben!

a) 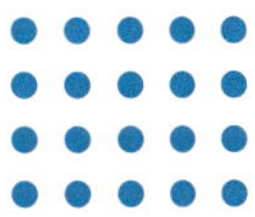

b) 

c) 

d) 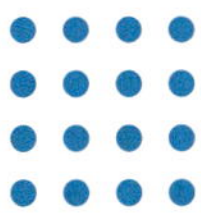

④ Zeichne die Punktebilder! Rechne Aufgabe und Tauschaufgabe!

a) 2 · 7 b) 5 · 3 c) 6 · 6 d) 3 · 8

e) 2 · 10 f) 2 · 9 g) Finde eigene Aufgaben!

Verdoppeln

① Lars legt alle Schulbücher, die er in seiner Tasche hat, auf den Tisch.
Genauso machen es die Zwillinge Lena und Laura.

2 · 3 = 6

1 · 3 = 3

② Verdoppeln. Schreibe immer 2 Aufgaben!

a)

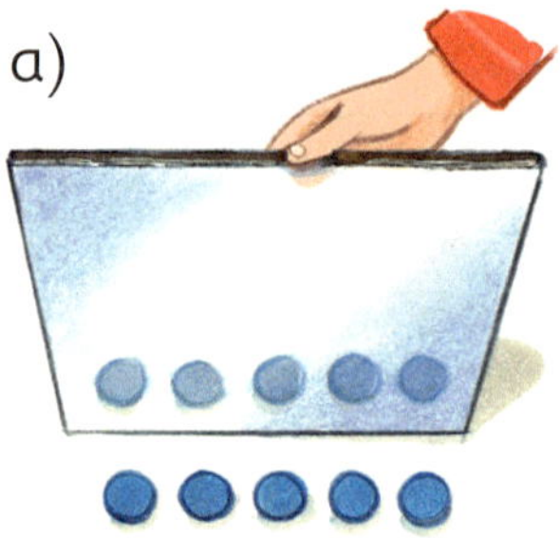

1 · 5 = __
2 · 5 = __

b)

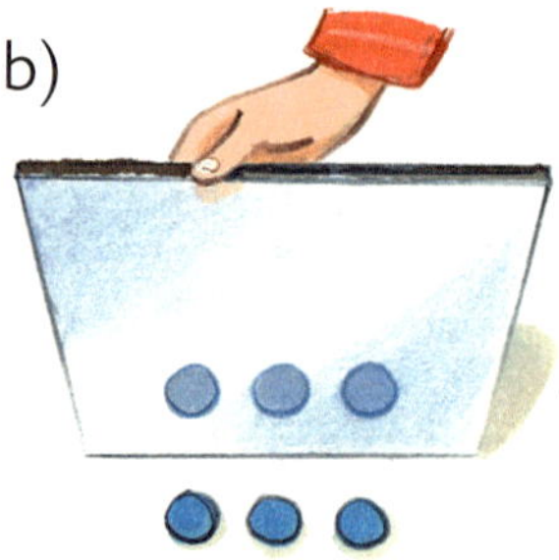

1 · 3 = __
2 · 3 = __

c)

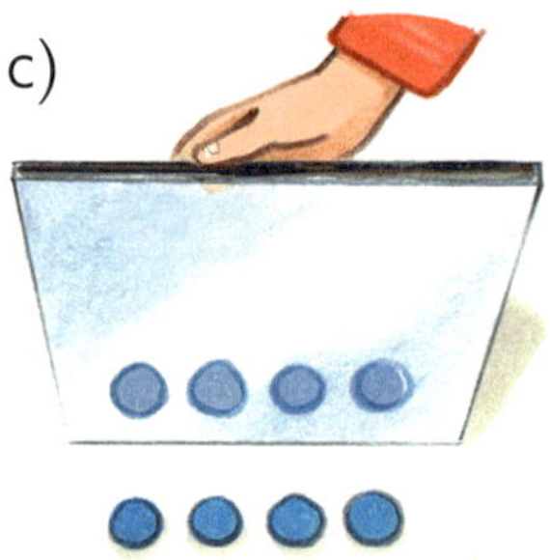

1 · 4 = __
_ · 4 = __

d)

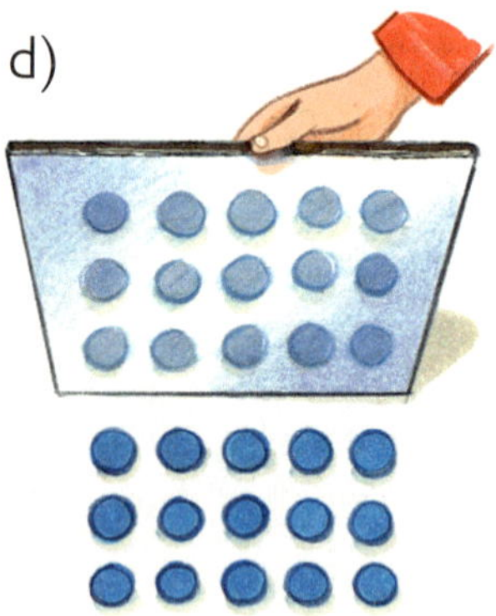

3 · 5 = __
6 · 5 = __

e)

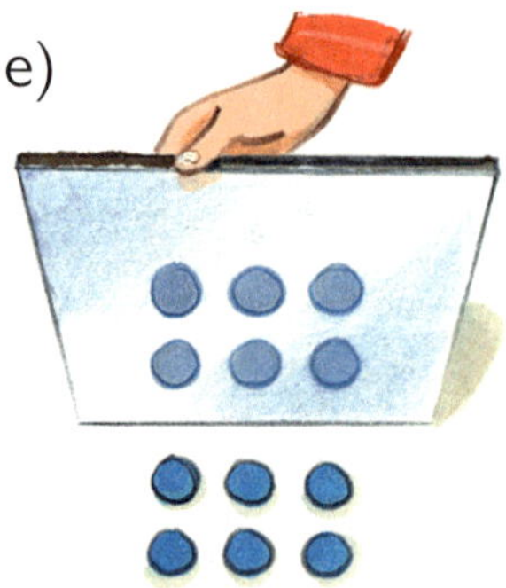

2 · 3 = __
_ · 3 = __

f)

3 · 4 = __
_ · _ = __

③ Immer das Doppelte. Zeichne und schreibe!

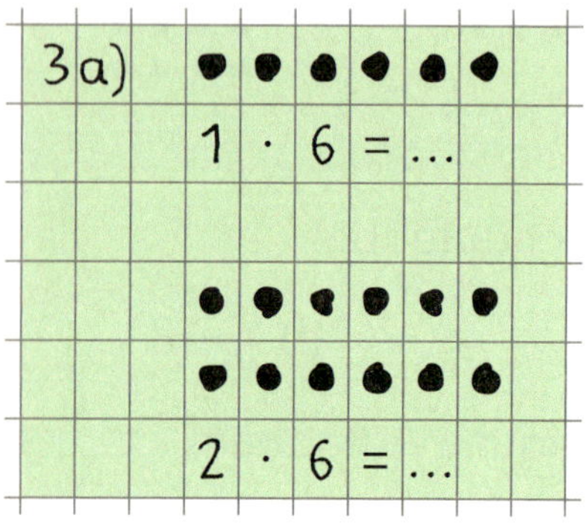

a) 1 · 6 = __
2 · 6 = __

b) 1 · 2 = __
2 · 2 = __

c) 1 · 7 = __
2 · 7 = __

d) 2 · 8 = __
4 · 8 = __

e) 3 · 6 = __
6 · 6 = __

f) 5 · 3 = __
10 · 3 = __

1–3 Verdopplung eines Faktors führt zur Verdopplung des Ergebnisses

E▸30 AH▸32 A▸30

Einmaleins mit 2

① Wie viele Schuhe sind es?

a) 

$5 \cdot 2 =$ __

b) 

_ $\cdot 2 =$ __

c) 

d) 

e) 6 Paare   f) 7 Paare   g) 10 Paare   h) 8 Paare

② Super M hüpft immer 2 weiter und dann wieder zurück.

2a)	2, 4, 6, … 20	
b)	20, 18, … 2	

③ Schreibe das Einmaleins der 2!

3)	1	·	2	=	2
	2	·	2	=	
		⋮			
	10	·	2	=	

④ a)
__ $\cdot 2 = 10$
__ $\cdot 2 = 18$
__ $\cdot 2 = 8$
__ $\cdot 2 = 14$

b)
__ $\cdot 2 = 6$
__ $\cdot 2 = 12$
__ $\cdot 2 = 20$
__ $\cdot 2 = 2$

⑤ a)
$20 =$ __ $\cdot 2$
$10 =$ __ $\cdot 2$
$16 =$ __ $\cdot 2$
$8 =$ __ $\cdot 2$

b)
$2 =$ __ $\cdot 2$
$4 =$ __ $\cdot 2$
$12 =$ __ $\cdot 2$
$14 =$ __ $\cdot 2$

⑥ Finde zu jeder Aufgabe die Tauschaufgabe! Rechne!

6)	8	·	2	=	16
	2	·	8	=	

$8 \cdot 2$ $2 \cdot 9$ $0 \cdot 2$ $9 \cdot 2$ $2 \cdot 7$ $2 \cdot 4$

$4 \cdot 2$ $6 \cdot 2$ $2 \cdot 0$ $7 \cdot 2$ $2 \cdot 8$ $2 \cdot 6$

1 Sachsituationen mit Einmaleinsaufgaben beschreiben; **2, 3** Einmaleinsreihe vollständig herstellen, Beziehungen zum Verdoppeln finden; **4** Faktor bestimmen; **5** multiplikative Zerlegung; **6** Aufgabe und Tauschaufgabe

E▸30 AH▸32 A▸30

Einmaleins mit 5 und 10

1

Wie viele Finger?

1	a)	3	·	5	=	1	5
	b)	5	·	5	=	…	

2

Wie viele Finger?

2	a)	3	·	1	0	=	3	0
	b)	5	·	1	0	=	…	

3 Super M hüpft immer 5 weiter und dann wieder zurück.

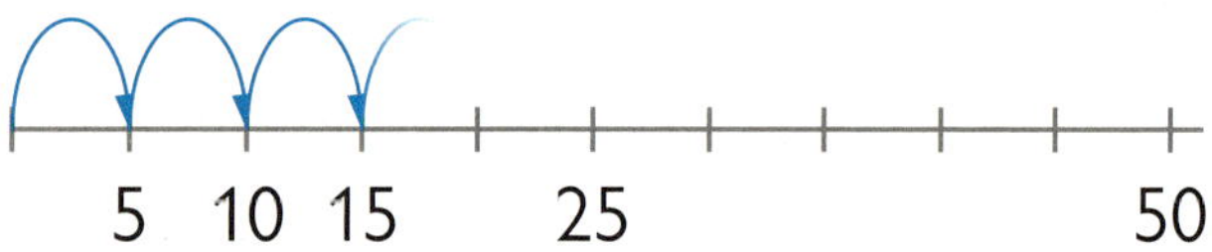

3	a)	5,	1	0,	…	5	0
	b)	5	0,	4	5,	…	5

4 Schreibe das Einmaleins der 5!

4	a)		1	·	5	=		5
			2	·	5	=		
				⋮				
		1	0	·	5	=		

b)		1	0	·	5	=	5	0
			9	·	5	=		
			8	·	5	=		
				⋮				

5 Jetzt hüpft Super M immer 10 weiter und zurück.

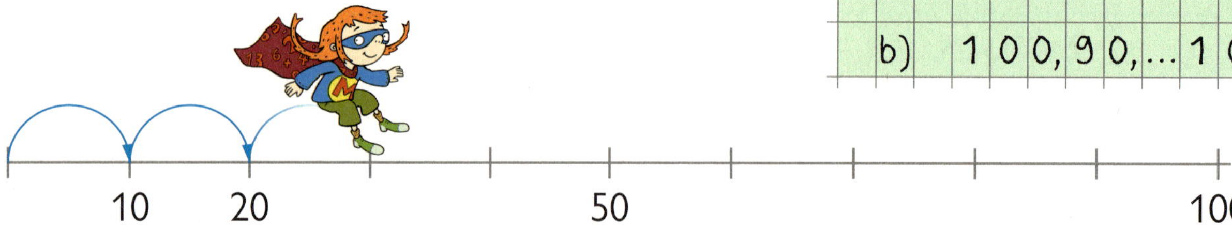

5	a)	1	0,	2	0,	…	1	0	0
	b)	1	0	0,	9	0,	…	1	0

6 Schreibe das Einmaleins der 10!

6	a)		1	·	1	0	=	1	0
			2	·	1	0	=		
				⋮					
		1	0	·	1	0	=		

b)		1	0	·	1	0	=	1	0	0
			9	·	1	0	=			
			8	·	1	0	=			
				⋮						

1, 2 Sachsituationen mit Einmaleinsaufgaben beschreiben, Zusammenhänge zwischen dem Einmaleins der 5 und dem der 10 erarbeiten, Verdoppeln und Halbieren als Lösungsstrategie; **3–6** Einmaleinsreihen vollständig herstellen

E▸31 AH▸33 A▸31

① Zeige mit der Folie die Aufgaben im Hunderterfeld!
Was fällt dir auf?

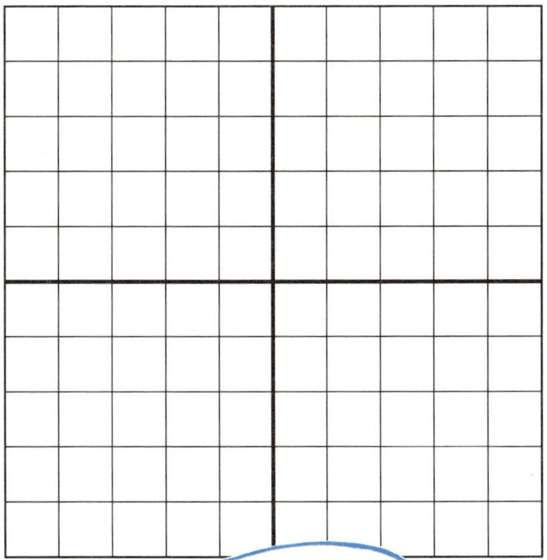

1 · 10 = 10	1 · 5 = 5
2 · 10 = 20	2 · 5 = 10
3 · 10 =	3 · 5 =
4 · 10 =	4 · 5 =
5 · 10 = 50	5 · 5 = 25
6 · 10 =	6 · 5 =
7 · 10 =	7 · 5 =
8 · 10 =	8 · 5 =
9 · 10 =	9 · 5 =
10 · 10 = 100	10 · 5 = 50

1 · 5 = 5
2 · 5 = 10
5 · 5 = 25
10 · 5 = 50

Diese Aufgaben sind die Kernaufgaben aus dem Einmaleins der 5. Sie helfen dir beim Lösen anderer Malaufgaben.

② Rechne mit den Kernaufgaben!

a) 3 · 5 = __

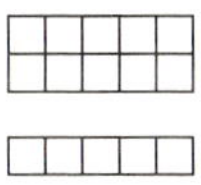

2 · 5 = __
1 · 5 = __

b) 7 · 5 = __

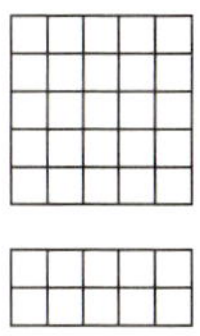

5 · 5 = __
2 · 5 = __

c) 4 · 5 = __

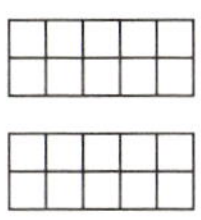

d) 6 · 5 = __

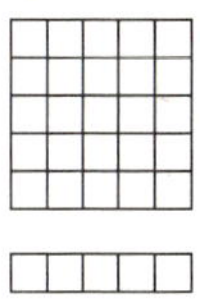

③ Zeichne, schreibe und erkläre, wie dir die Kernaufgaben beim Lösen von 9 · 5 und 8 · 5 helfen!

1 am Hunderterfeld mit der Winkelfolie arbeiten, Malaufgaben mit der Winkelfolie zeigen und ablesen; Kernaufgaben, die leichten Aufgaben der Multiplikation, sind farbig hervorgehoben; **2, 3** Kernaufgaben als eine weitere Lösungsstrategie;
E▸31 AH▸33 A▸31 mit Kernaufgaben sich alle weiteren Aufgaben des Einmaleins erschließen

①

a) Wie viele Kinder sind in der Klasse 2b?

__ · 4 = __

b) Ein 4er-Tisch wird dazugestellt. Wie viele Kinder können jetzt in der Klasse sitzen?

__ · 4 = __

② Super M hüpft immer 4 weiter und dann wieder zurück.

2a)	4, 8, … 40	
b)	40, 36, … 4	

③ Schreibe das Einmaleins der 4!

3)	1	·	4	=	4
	2	·	4	=	
	3	·	4	=	
	4	·	4	=	
	5	·	4	=	
		⋮			
	10	·	4	=	

④ Schreibe die Tauschaufgaben!

4)	1	·	4	=	4	4	·	1	=	4
	2	·	4	=		4	·	2	=	
		⋮					⋮			

⑤ Übertrage die Tabelle in dein Heft! Trage die Ergebnisse ein! Was fällt dir auf?

5)	·	2	4
	1	2	4
	2		
	3		
	4		
	5		
	⋮		
	10		

⑥ Rechne! Was fällt dir auf?
Tipp: Benutze die Tabelle von Aufgabe ⑤!

a) 20 = __ · 2
20 = __ · 4

b) 16 = __ · 2
16 = __ · 4

c) 8 = __ · 2
8 = __ · 4

d) 12 = __ · 2
12 = __ · 4

e) 4 = __ · 2
4 = __ · 4

f) 24 = __ · 2
24 = __ · 4

g) 28 = __ · 2
28 = __ · 4

h) 32 = __ · 2
32 = __ · 4

1 Sachsituationen mit Einmaleinsaufgaben beschreiben; **2, 3** Einmaleinsreihe vollständig herstellen; **4** Tauschaufgaben bilden; **5, 6** Zusammenhänge zwischen dem Einmaleins der 2 und dem der 4 erarbeiten, multiplikative Zerlegung

E▸32 AH▸34 A▸32

① 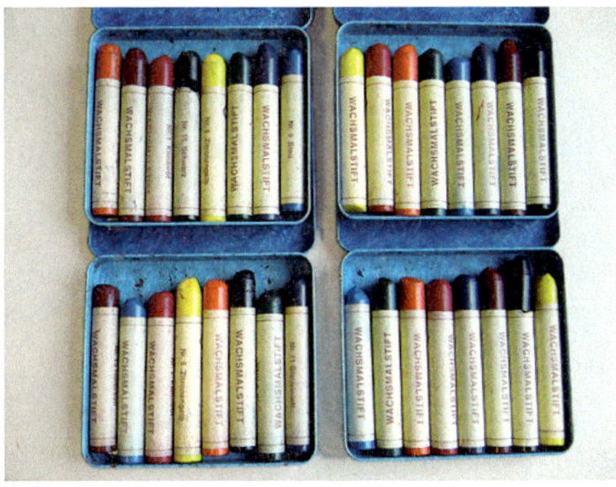

a) Wie viele Stifte sind es insgesamt?

__ · 8 = __

b) Ein Kasten mit 8 Stiften kommt dazu.
Wie viele Stifte sind es nun?

__ · 8 = __

② Super M hüpft immer 8 weiter. Schreibe vorwärts und rückwärts auf!

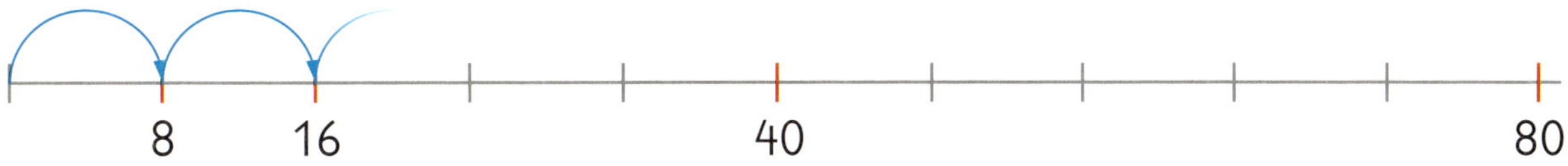

③ Schreibe das Einmaleins der 8!

3a)		1	·	8	=	8
		2	·	8	=	
		3	·	8	=	
		4	·	8	=	
		5	·	8		
			⋮			
	1	0	·	8	=	

④ Wie geht es weiter? Was fällt dir auf?

4)	·	4	8
	1	4	8
	2		
	3		
	⋮		

⑤ Von den Kernaufgaben zu den Nachbaraufgaben

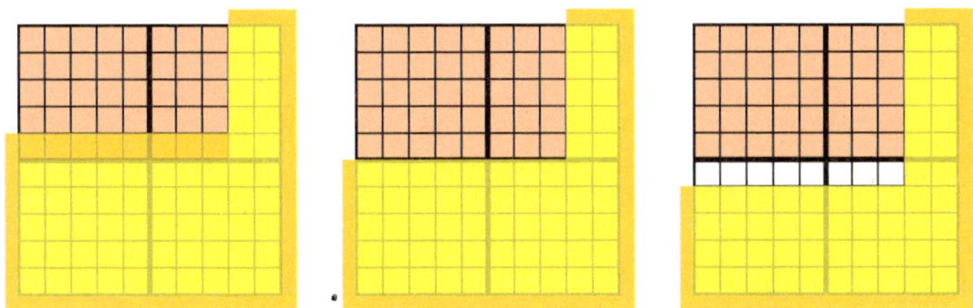

4 · 8 ⟵ 5 · 8 ⟶ 6 · 8

5 · 8 minus 1 · 8 | 5 · 8 plus 1 · 8

5a)	6	·	8	=	4	8
	5	·	8	=	4	0
	1	·	8	=		8

b)	4	·	8	=		
	5	·	8	=	4	0
	1	·	8	=		

Rechne mit den Kernaufgaben!

a) 6 · 8 b) 4 · 8
c) 9 · 8 d) 3 · 8

⑥ Wie rechnest du? Erkläre!

a) 6 · 4 b) 8 · 8 c) 6 · 8 d) 5 · 8
e) 3 · 4 f) 7 · 8 g) 9 · 4 h) 10 · 8

Verdoppeln
Halbieren **Kernaufgabe**
Nachbaraufgabe

1 von Sachsituation ausgehen; **2, 3** Einmaleinsreihe; **4** Zusammenhänge zwischen Einmaleins der 4 und der 8; **5** Nachbaraufgaben als Lösungsstrategie; **6** Anwendung verschiedener Lösungsstrategien je nach Aufgabe die passende(n) Strategie(n) benennen und den Lösungsweg beschreiben, Nutzung der Fachbegriffe

E▶32 AH▶34 A▶32

Rechenstrategien

① Kernaufgaben üben

a) 1 · 10, 2 · 10, 5 · 10, 10 · 10

b) 1 · 5, 2 · 5, 5 · 5, 10 · 5

c) 1 · 2, 2 · 2, ⋮

d) 1 · 4, 2 · 4, ⋮

e) 1 · 8, 2 · 8, ⋮

② Rechnen mit Kernaufgaben

a) 7 · 2 — 5 · 2, 2 · 2

b) 7 · 4 — 5 · 4, 2 · 4

c) 7 · 8 — 5 · 8, _ · 8

d) 7 · 5 — _ · 5, _ · 5

e) 9 · 2 — 10 · 2, 1 · 2

f) 9 · 4 — 10 · 4, 1 · 4

g) 8 · 8 — 10 · 8, 2 · 8

h) 8 · 4 — __ · 4, _ · 4

③ Verdoppeln

a) 2 · 2, 4 · 2, 8 · 2

b) 2 · 4, 4 · 4, 8 · 4

c) 2 · 8, 4 · 8, 8 · 8

d) 2 · 5, 4 · 5, 8 · 5

e) 3 · 4, 6 · 4

f) 3 · 8, 6 · 8

④ Löse die Aufgaben! Kernaufgaben und Nachbaraufgaben können helfen.

a) 4 · 8 b) 9 · 5 c) 6 · 4 d) 4 · 5 e) 6 · 8 f) 9 · 4

g) 6 · 5 h) 9 · 8 i) 8 · 2 k) 4 · 4 l) 7 · 8 m) 6 · 2

⑤ Schreibe und rechne Aufgabe und Tauschaufgabe!

5a)	7	·	5	=	…
	5	·	7	=	…

a) 7 · 5 b) 9 · 4 c) 3 · 8 d) 6 · 5

e) 4 · 8 f) 6 · 4 g) 8 · 2 h) 8 · 5

⑥ Eine Aufgabe, verschiedene Rechenwege. Erkläre sie!

8 · 8

Max:
5 · 8 = 40
40, 48, 56, 64

Ali:
8 · 8 = ___
5 · 8 = ___
2 · 8 = ___
1 · 8 = ___

Nele:
8 · 8 = ___
10 · 8 = ___
2 · 8 = ___

Maria:
8 · 8 = ___
4 · 8 = ___
4 · 8 = ___

① Entdeckungen in der Einmaleinstafel

·	1	2	3	4	5	6	7	8	9	10
1	1	2			5					10
2	2	4			10					20
3	3	6			15					30
4	4	8			20					40
5	5	10			25					50
6	6	12			30					60
7	7	14			35					70
8	8	16			40					80
9	9	18			45					90
10	10	20			50					100

a) Einige Ergebnisse sind schon eingetragen. Beschreibe!
b) Zeige und nenne die Ergebnisse der Aufgaben 7 · 5, 5 · 10 und 8 · 2!
c) Wo müssen die Ergebnisse der 4er- und der 8er-Reihe stehen?
d) Auch die Ergebnisse von Tauschaufgaben kannst du leicht finden. Finde dich in der Einmaleinstafel zurecht!

② Vergleiche! Setze ein: <, = oder > !

a)
3 · 4 ◯ 16
2 · 4 ◯ 12
3 · 2 ◯ 12
2 · 8 ◯ 14

b)
7 · 5 ◯ 45
4 · 5 ◯ 30
9 · 2 ◯ 20
5 · 4 ◯ 20

c)
9 · 4 ◯ 32
7 · 4 ◯ 26
7 · 8 ◯ 64
8 · 8 ◯ 64

d)
8 · 5 ◯ 20
8 · 2 ◯ 16
4 · 2 ◯ 6
4 · 8 ◯ 24

③ a)

Kinder	10	5	4		9	7	
Schuhe	20			12			22

b)

Hände	2			8	7		9
Finger	10	20	25			50	

c)

Autos	5	3			10	8	
Räder	20		4	36			28

d)

Spinnen	1		5		3	4	
Beine	8	16		80			56

1 Einführung der Einmaleinstafel, verschiedene Übungen zum Umgang mit der Einmaleinstafel; Beilage nutzen;
2 Terme mit Zahlen vergleichen; 3 Übungen zum Einmaleins
E ▸ 33 AH ▸ 35 A ▸ 33

Einmaleins mit 3 und 6

①

1 Dreieck hat
3 Ecken.
1 · 3 = __

2 Dreiecke haben
zusammen 6 Ecken.
__ · 3 = __

5 Dreiecke haben
zusammen __ Ecken.
__ · 3 = __

② Super M hüpft immer 3 weiter und wieder zurück.

2	a)	3,	6,	…	3	0	
	b)	3	0,	2	7,	…	3

③ Schreibe das Einmaleins der 3!

3)		1	·	3	=		3
		2	·	3	=		
		3	·	3	=		
				⋮			

④

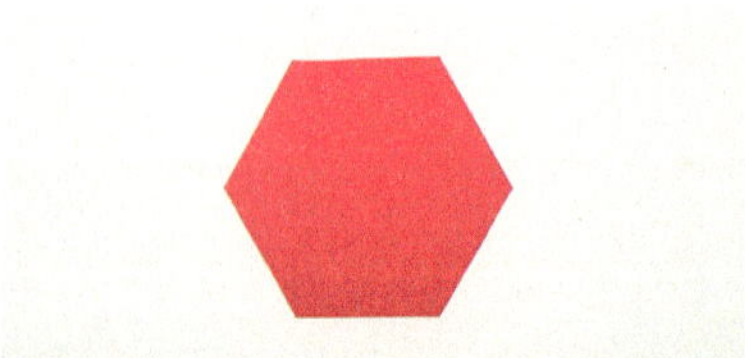

1 Sechseck hat
6 Ecken.
1 · 6 = __

2 Sechsecke haben
zusammen 12 Ecken.
__ · 6 = __

5 Sechsecke haben
zusammen __ Ecken.
__ · 6 = __

⑤ Super M hüpft immer 6 weiter und wieder zurück.

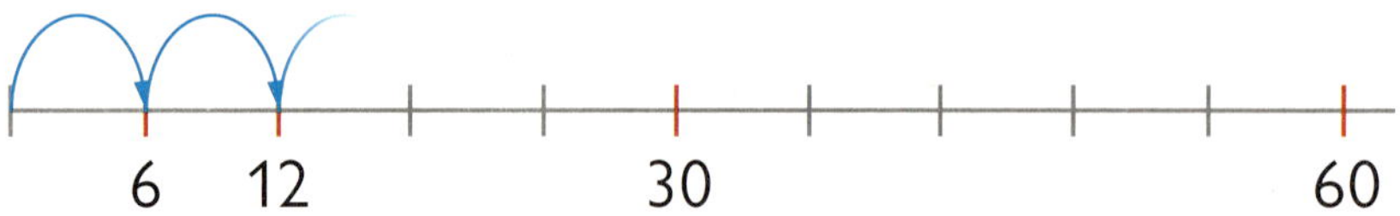

5	a)	6,	1	2,	…	6	0
	b)	6	0,	5	4,	…	6

⑥ Schreibe das Einmaleins der 6!

6)		1	·	6	=		6
		2	·	6	=		
		3	·	6	=		
				⋮			

⑦ Wie geht es weiter? Was fällt dir auf?

7)			·		3		6
			1		3		6
			2				
			3				
			⋮				

1–3 Einmaleins der 3; 4–6 Einmaleins der 6;
1–7 Zusammenhänge zwischen dem Einmaleins der 3 und dem der 6 thematisieren

E▸34 AH▸36 A▸34

Einmaleins mit 9

①   

1 · 9 = __   2 · 9 = __   __ · 9 = __

② Super M hüpft immer 9 weiter. Schreibe vorwärts und rückwärts auf!

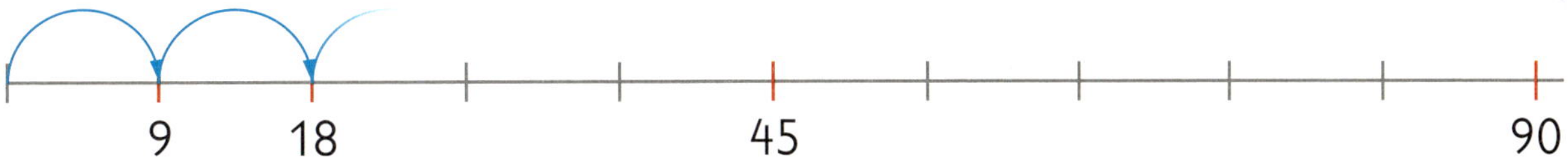

③ Schreibe das Einmaleins der 9!

3)		1	·	9	=		9
		2	·	9	=		
		3	·	9	=		
			⋮				

④ Rechne mit den Kernaufgaben!

a)

7 · 3 = __	7 · 6 = __	7 · 9 = __
5 · 3 = __	5 · 6 = __	_ · 9 = __
2 · 3 = __	2 · 6 = __	_ · 9 = __

b)

9 · 3 = __	9 · 6 = __	9 · 9 = __
10 · 3 = __	10 · 6 = __	_ · 9 = __
1 · 3 = __	1 · 6 = __	_ · 9 = __

⑤ Rechne! Was fällt dir auf?

a)	b)	c)	d)	e)	f)
2 · 3	2 · 6	2 · 9	3 · 9	5 · 6	5 · 9
4 · 3	4 · 6	4 · 9	6 · 9	10 · 6	10 · 9
8 · 3	8 · 6	8 · 9			

⑥ 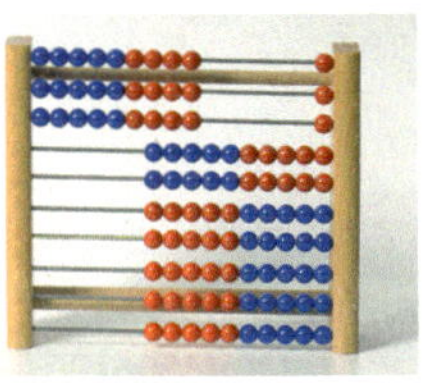 3 · 9

3 · 10 = 30
30 − 3 = __

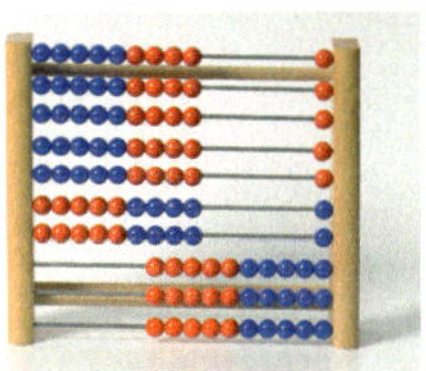 7 · 9

7 · 10 = __
__ − __ = __

 4 · 9

__ · __ = __
__ − __ = __

Einmaleins mit 7

(1)

1 Woche hat 7 Tage. $1 \cdot 7 = 7$
2 Wochen haben __ Tage. $2 \cdot 7 =$ __
5 Wochen haben __ Tage. $5 \cdot 7 =$ __
10 Wochen haben __ Tage. __ $\cdot 7 =$ __

(2) Super M hüpft immer 7 weiter und wieder zurück.

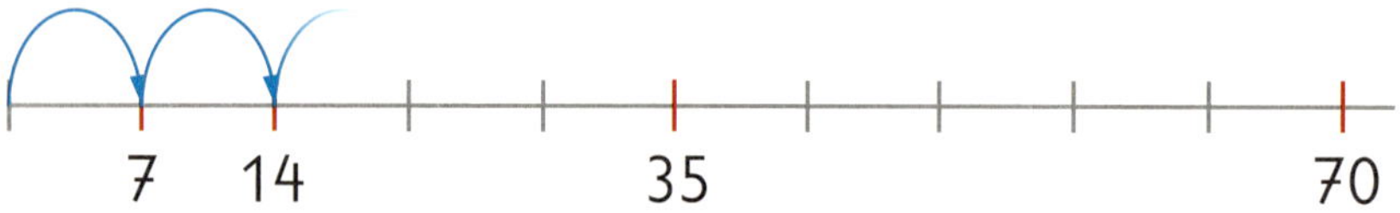

2a)	7, 14, ... 70	
b)	70, 63, ... 7	

(3) Schreibe das Einmaleins der 7!

3)	1	·	7	=	7
	2	·	7	=	
	3	·	7	=	
			⋮		

(4) Schreibe die Tauschaufgaben!

4)	1	·	7	=	7	7	·	1	=	7
	2	·	7	=		7	·	2	=	
		⋮					⋮			

(5) Die Kernaufgaben helfen.

a)
$7 \cdot 7 =$ __ / $5 \cdot 7 =$ __ / $2 \cdot 7 =$ __
$3 \cdot 7 =$ __ / $2 \cdot 7 =$ __ / $1 \cdot 7 =$ __
$6 \cdot 7 =$ __ / $5 \cdot 7 =$ __ / $1 \cdot 7 =$ __

b)
$9 \cdot 7 =$ __ / $10 \cdot 7 =$ __ / $1 \cdot 7 =$ __
$8 \cdot 7 =$ __ / $10 \cdot 7 =$ __ / $2 \cdot 7 =$ __
$4 \cdot 7 =$ __ / $5 \cdot 7 =$ __ / $1 \cdot 7 =$ __

(6)

a)
$5 \cdot 7 =$ __
$8 \cdot 7 =$ __
$2 \cdot 7 =$ __
$6 \cdot 7 =$ __

b)
__ $\cdot 7 = 21$
__ $\cdot 7 = 49$
__ $\cdot 7 = 63$
__ $\cdot 7 = 28$

c)
$70 =$ __ $\cdot 7$
$21 =$ __ $\cdot 3$
$0 =$ __ $\cdot 7$
$28 =$ __ $\cdot 4$

d)
$7 = 1 \cdot$ __
$56 = 8 \cdot$ __
$49 = 7 \cdot$ __
$63 = 7 \cdot$ __

0 3 4 7 7 7 7 7 7 9 9 10 14 35 42 56 63

(7) Wie viele Tage sind es?

a)

b)

c)

1 Kalender zur Erarbeitung der 7er-Reihe nutzen;
3–6 nur die Aufgabe $7 \cdot 7$ ist neu, alle anderen Aufgaben sind durch die Tauschaufgaben bekannt;
7 Wie viele Tage sind es? E▶35 AH▶37 A▶35

①

·	1	2	3	4	5	6	7	8	9	10
1	1	2	3	4	5	6		8	9	10
2	2	4	6	8	10	12		16	18	20
3	3	6	9	12	15	18		24	27	30
4	4	8	12	16	20	24		32	36	40
5	5	10	15	20	25	30		40	45	50
6	6	12	18	24	30	36		48	54	60
7							49			
8	8	16	24	32	40	48		64	72	80
9	9	18	27	36	45	54		72	81	90
10	10	20	30	40	50	60		80	90	100

a) Welche Zahlen fehlen in der Einmaleinstafel?
b) Zeige in der Tafel die Ergebnisse zu dem Einmaleins der 3, 6 und 9! Zeige auch die Tauschaufgaben!
c) Finde in der Tafel alle Aufgaben mit dem Ergebnis 24 (12, 18)!
d) Zu den ☀-Feldern gehören besondere Aufgaben. Schreibe sie auf!

② Die ☀-Zahlen sind die Quadratzahlen.

a) Zeichne ein passendes Bild zu jeder Quadratzahl!

2 a)
1 · 1 = 1
2 · 2 = 4
3 · 3 = 9

ⓑ Warum heißen die Quadratzahlen Quadratzahlen?

③ Finde in der Einmaleinstafel die Nachbaraufgaben rund um die Quadratzahlen!

3 a)
4 · 4 = 16
3 · 4 = 12
5 · 4 =
4 · 3 =
4 · 5 =

a)

	12	
12	16	20
	20	

b)

	30	
30	36	42
	42	

c)

	42	
42	49	56
	56	

④ Bilde Aufgaben! Berechne das Produkt!

4)
2 · 4 = 8
2 · 5 =
2 ·

2 · 5 = 10
Faktor Faktor Produkt

1 Aufgaben zu den Quadratzahlen in der Einmaleinstafel, Beilage nutzen; **2** Zeichnen und Schreiben der Malaufgaben zu den Quadratzahlen; **3** Nutzung der Einmaleinstafel, Nachbaraufgaben zu den Quadratzahlen schreiben und rechnen; **4** Begriffe „Faktor“, „Produkt“

E▸35 AH▸37 A▸35

Wiederholen und üben

1 Rechne! Wie geht es weiter?

a)	b)	c)	d)	e)	f)
2 · 4	2 · 2	0 · 2	9 · 6	4 · 3	4 · 6
3 · 5	3 · 3	1 · 4	8 · 6	4 · 5	5 · 5
4 · 6	4 · 4	2 · 6	7 · 6	4 · 7	6 · 4
_ · _	_ · _	_ · _	_ · _	_ · _	_ · _

2 Immer das Doppelte

a)	b)	c)	d)	e)	f)
2 · 8	1 · 9	2 · 7	1 · 0	6 · 2	3 · 1
4 · 8	2 · 9	_ · 7	_ · 0	6 · 4	3 · 2
_ · 8	_ · 9	_ · _	_ · _	6 · _	3 · _

3 Rechne geschickt! Beginne immer mit der leichtesten Aufgabe!

a)	b)	c)	d)	e)	f)
7 · 7	4 · 8	6 · 6	7 · 5	4 · 8	3 · 10
5 · 7	7 · 8	4 · 6	10 · 5	4 · 2	3 · 9
2 · 7	8 · 8	3 · 6	3 · 5	4 · 4	3 · 8

4 Finde alle passenden Malaufgaben!

4a)	4 · 9 = 36
	9 · 4 = 36
	… · … = …

a) 36 b) 54 c) 12 d) 24 e) 25 f) 30

5 Ordne zu!

<24	=24	>24
4 · 5	3 · 8	

4 · 5 3 · 8 4 · 6 6 · 3 4 · 8
5 · 5 6 · 4 7 · 4 2 · 9 2 · 7

<24 =24 >24

6 Punkt vor Strich. Rechne!

a)	b)	c)
8 + 2 · 9	10 · 3 + 5	5 + 5 · 8
3 + 5 · 4	5 · 7 + 4	10 · 7 + 4
5 + 10 · 6	2 · 6 + 3	7 + 2 · 5
4 + 5 · 5	5 · 9 + 3	10 · 4 + 6
7 + 2 · 7	10 · 5 + 4	3 + 5 · 6

15 17 21 23 26 29 33 35 39 45 46 48 50 54 65 74

1 Aufgabenmuster der Malaufgaben erkennen und fortsetzen; **2–5** Malaufgaben üben, Anwenden verschiedener Rechenstrategien; **6** Punkt- vor Strichrechnung

E▸36 AH▸38 A▸36

① Wie viele Würfel? Schreibe Einmaleinsaufgaben!

1a) 4 · 9 = 36

c) 3 · 7 + 4 · 7 = 49

a)

b)

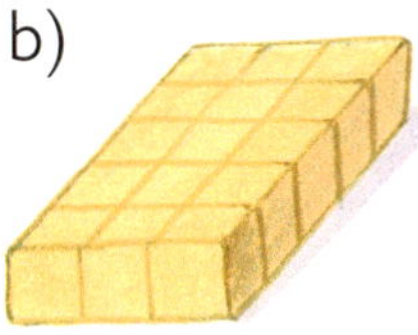

ⓒ

ⓓ

ⓔ

ⓕ

g) Baue und finde eigene Aufgaben!

② Finde die falschen Aufgaben! Schreibe sie richtig in dein Heft!
Die Buchstaben der falschen Aufgaben ergeben ein Lösungswort.

a)	b)	c)	d)
6 · 3 = 18 **P**	3 · 9 = 24 **U**	24 = 3 · 8 **I**	50 > 7 · 7 **L**
4 · 6 = 42 **S**	4 · 3 = 12 **K**	64 = 7 · 8 **E**	81 > 3 · 6 **E**
8 · 5 = 40 **R**	8 · 8 = 54 **P**	28 = 4 · 7 **Z**	72 = 9 · 7 **M**
7 · 9 = 63 **S**	8 · 4 = 32 **I**	49 = 6 · 7 **R**	12 < 7 · 2 **A**

③ Zahlen aus Einmaleinsreihen. Immer eine Zahl passt nicht.
Wie heißt das Lösungswort?

a) 27, 54, 36, 72, 64, 90

b) 36, 6, 12, 40, 24, 18

c) 40, 32, 54, 24, 72, 16

d) 63, 32, 42, 56, 21, 49

6 → R 12 → A 16 → P 21 → S 27 → E 32 → L 36 → M 40 → O 49 → I 54 → L 56 → K 63 → S 64 → T

④ Vergleiche! Setze ein: <, = oder >!

a)
6 · 3 ○ 3 + 3 + 3
4 · 7 ○ 7 · 4
9 · 2 ○ 9 + 9 + 9
8 · 8 ○ 24 + 24

b)
35 ○ 7 · 5
9 + 9 ○ 3 · 7
4 · 6 ○ 12 + 16
24 ○ 2 · 4

⑤ Welche Zahlen passen?

_ < 7 · 4
_ · 5 = 40 − 5
81 + 9 = _ · 9
49 + _ > 8 · 7

Aufteilen

1

12 Kinder

12 Kinder. Immer 3 in eine Gruppe.

1) 12 : 3 = 4
Es sind 4 Gruppen.

2

12 Kinder. Immer 6 in eine Gruppe.

12 : 6 = __

Es sind __ Gruppen.

3

12 Kinder. Immer 4 in eine Gruppe.

12 : 4 = __

Es sind __ Gruppen.

4

12 Kinder. Immer 2 in eine Gruppe.

12 : 2 = __

Es sind __ Gruppen.

1–4 Einführung des Dividierens über das Aufteilen; Sprech- und Schreibweisen einführen und üben

① Tim hat 24 Steckwürfel. Er baut Vierertürme.

24 : 4 = __

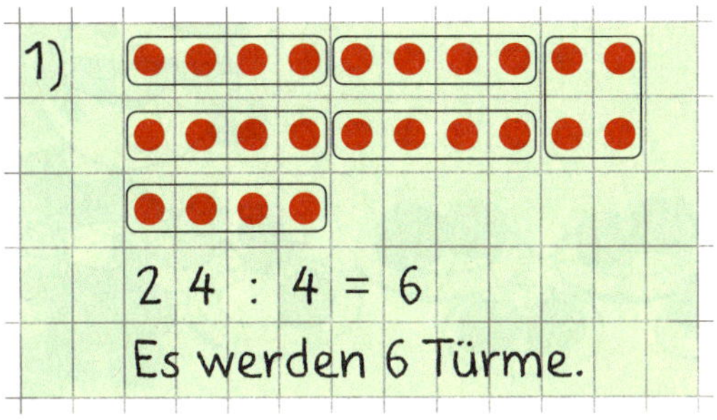

② Alle haben 24 Würfel. Wie viele Türme werden gebaut?
Zeichne und schreibe in dein Heft! Du kannst auch bauen!

a) Lea baut Sechsertürme.

b) Tom baut Dreiertürme.

c) Hannes baut Achtertürme.

③ Immer gleiche Teile. Finde mehrere Möglichkeiten!

a) Aufgaben zur Zahl 18. Zeichne und schreibe im Heft!

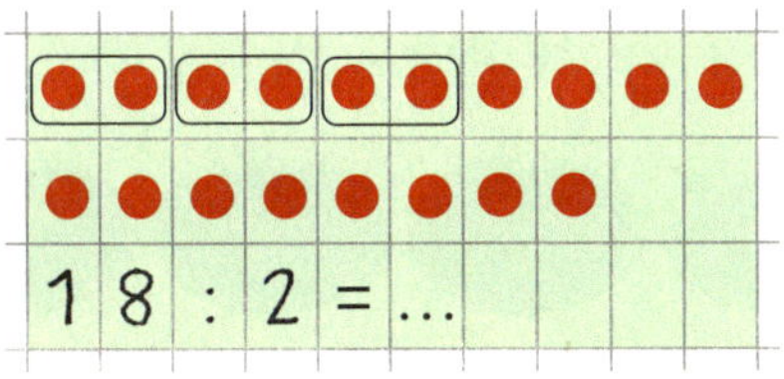

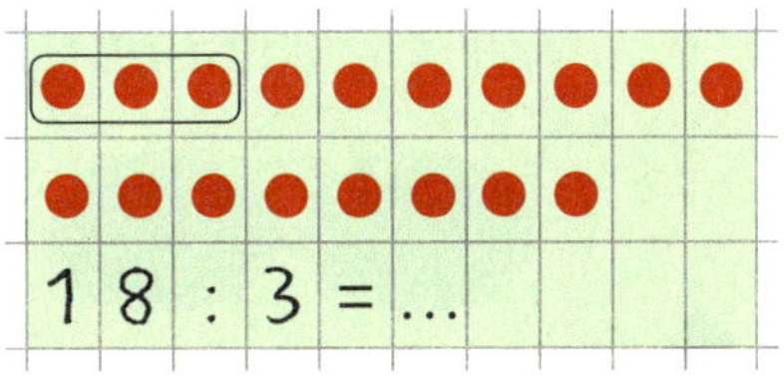

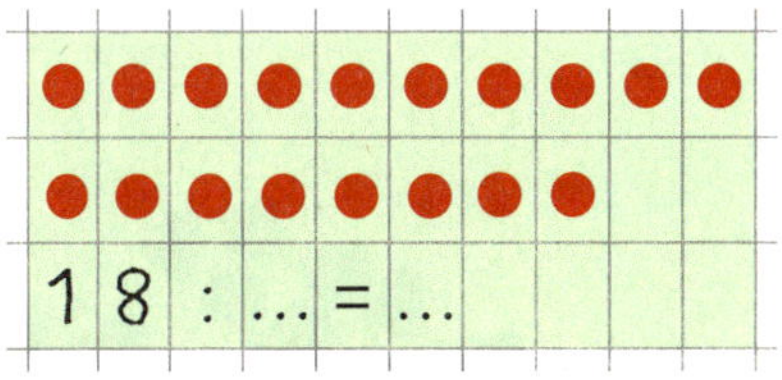

b) Finde auch Aufgaben zu den Zahlen 16, 20 und 36! Zeichne und schreibe!

④ Schreibe Aufgaben und rechne!

40 Stifte.
Immer 10 in eine Schachtel.

15 Bonbons.
Immer 5 in eine Tüte.

36 Kinder.
Immer 6 in eine Mannschaft.

Verteilen

① 

15 Tomaten auf 5 Teller verteilen.

1) 15 : 5 = 3
Immer 3 Tomaten auf einen Teller.

② 

18 Gurkenscheiben auf 3 Teller verteilen.

18 : 3 = __

Immer __ Scheiben auf einen Teller.

③ 

24 Kirschen auf 6 Teller verteilen.

24 : __ = __

Immer __ Kirschen auf einen Teller.

④ 

20 Nüsse auf 5 Teller verteilen.

__ : __ = __

Immer __ Nüsse auf einen Teller.

1–4 Einführung des Dividierens über das Verteilen; Sprech- und Schreibweisen einführen und üben

E▶38 AH▶40 A▶38

① 32 Karten werden gleichmäßig an 4 Kinder verteilt.

32 : 4 = __

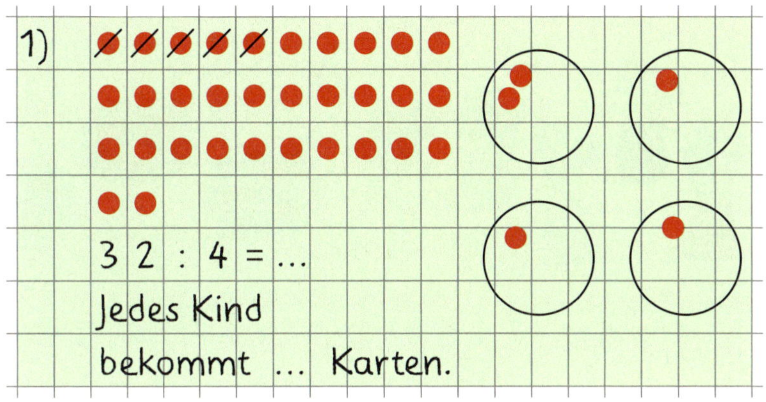

② Verteile die Karten gleichmäßig!

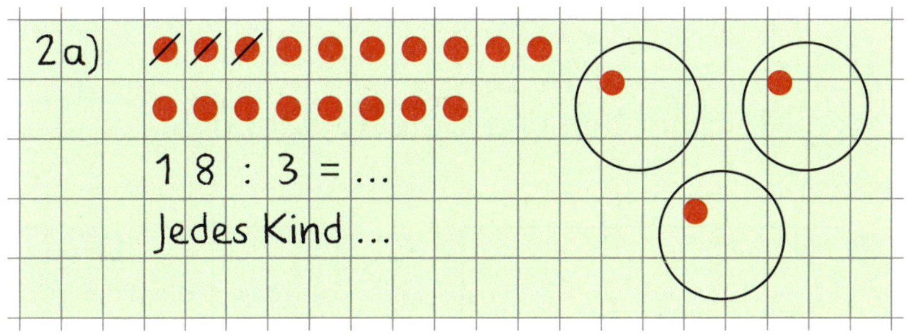

a) Verteile 18 Karten an 3 Kinder!

b) Verteile 30 Karten an 6 Kinder!

c) Verteile 20 Karten an 5 Kinder!

③ Schreibe Aufgaben und rechne!

15 € an
3 Kinder verteilen.

30 Gummibärchen
an 5 Kinder verteilen.

36 Bücher an
4 Klassen verteilen.

④ Super-Päckchen! Rechne! Was fällt dir auf?

a)	b)	c)	d)	e)	f)
15 : 5	35 : 7	6 : 3	32 : 4	12 : 2	24 : 4
20 : 5	28 : 7	12 : 3	16 : 4	24 : 4	12 : 2
25 : 5	21 : 7	24 : 3	8 : 4	48 : 8	6 : 1

① Umkehraufgabe

12 : 3 = 4, denn 4 · 3 = 12

② Aufgabe und Umkehraufgabe

a)

24 : __ = __
__ · __ = 24

b)

15 : __ = __
__ · __ = 15

c)

9 : __ = __
__ · __ = __

2	a)		2	4	:	6	=		4
				4	·	6	=	2	4

③ a) Schreibe zu den Rechtecken Malaufgaben und Geteiltaufgaben!

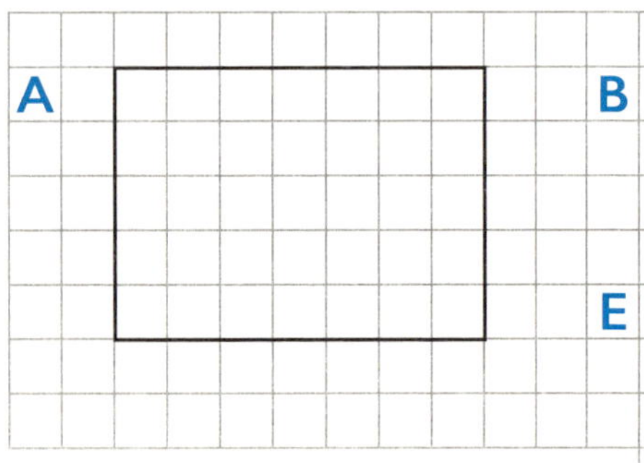

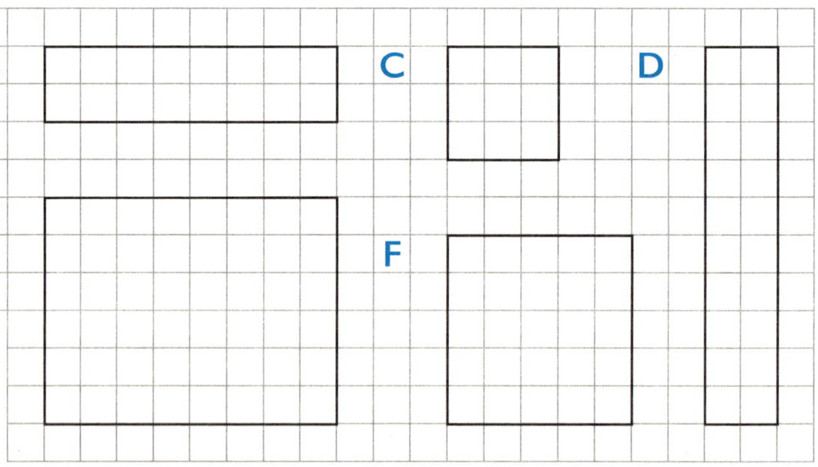

3	a)		A		5	·	7	=	3	5
				3	5	:	7	=		5

ⓑ Zeichne eigene Rechtecke!
Schreibe dazu die Aufgabe und die Umkehraufgabe!

④ Rechne! Finde zu jeder Aufgabe die Umkehraufgabe!

a) 4 · 9
8 · 9

b) 3 · 7
6 · 7

c) 9 · 5
10 · 5

d) 16 : 2
10 : 2

e) 90 : 10
100 : 10

1–4 Zusammenhang zwischen Multiplikation und Division;
4 die Umkehraufgabe zur Kontrolle der eigenen Rechnung nutzen

E▸39 AH▸41 A▸39

Aufgabenfamilien

(1)

4 · 5 = 20
5 · 4 = 20
20 : 5 = 4
20 : 4 = 5

(2) Immer 4 Aufgaben

a)

5 · 3 = __
3 · 5 = __
15 : 3 = __
15 : 5 = __

b)

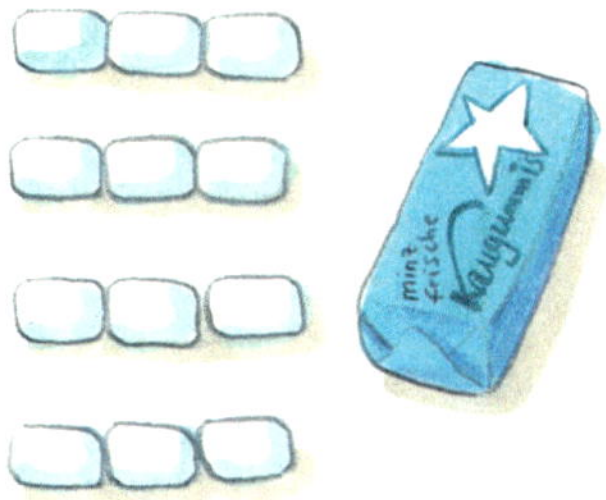

4 · 3 = __
__ · 4 = __
__ : 3 = __
__ : 4 = __

c)

6 · 5 = __
__ · 6 = __
__ : 5 = __
__ : 6 = __

(3)

a)
4 · 7 = 28
7 · 4 = __
28 : 7 = __
28 : 4 = __

b)
8 · 7 = __
7 · 8 = __
__ : 7 = __
__ : 8 = __

c)
4 · 9 = __
9 · 4 = __
__ : 9 = __
__ : 4 = __

d)
6 · 9 = __
9 · 6 = __
__ : 9 = __
__ : 6 = __

(4) 3 Zahlen – 4 Aufgaben

a) 2, 7, 14

b) 3, 18, 6

c) 56, 7, 8

4a)			2	·	7	=	1	4	
			7	·	2	=			
		1	4	:	7	=			
		1	4	:	2	=			

(5) Finde passende Zahlen und bilde Aufgabenfamilien!

a) 3, 21, __

b) 2, __, 8

c) __, 15, 5

d) __, 18, __

1–5 aus einer Multiplikationsaufgabe, deren Tauschaufgabe und beiden Umkehraufgaben werden Aufgabenfamilien;
5 verschiedene Lösungen/Schwierigkeitsgrade, Möglichkeit zum Verlassen des Rahmens des kleinen Einmaleins

E▸39 AH▸41 A▸39

Muster, Rechengeschichten, Zahlenrätsel

(1) Finde Aufgabenfamilien im Karomuster!
Schreibe sie in der gleichen Farbe auf!

1) 9 · 4 = 36
4 · 9 =
36 : 4 =
36 : 9 =

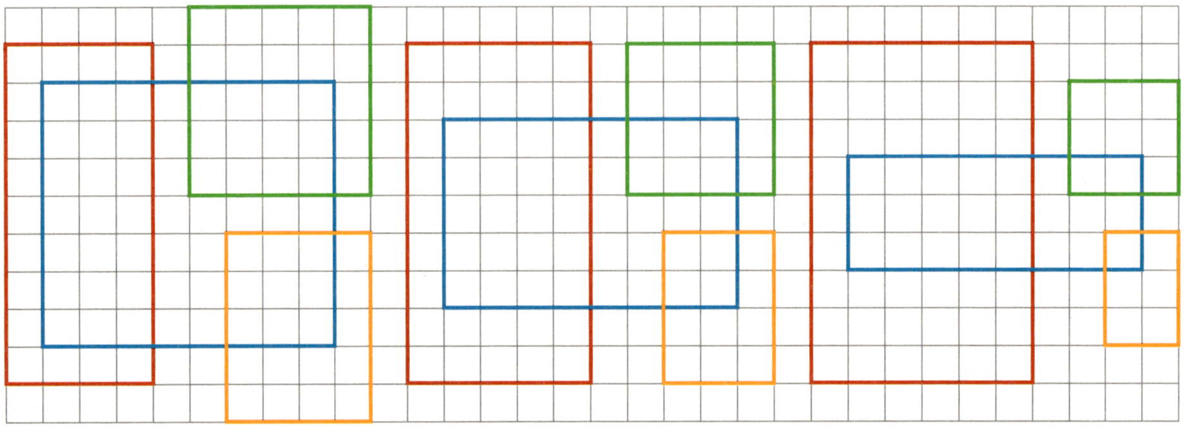

(2) Welches Bild passt zu welcher Geschichte?
Notiere deine Frage! Rechne! Was weißt du jetzt?

A

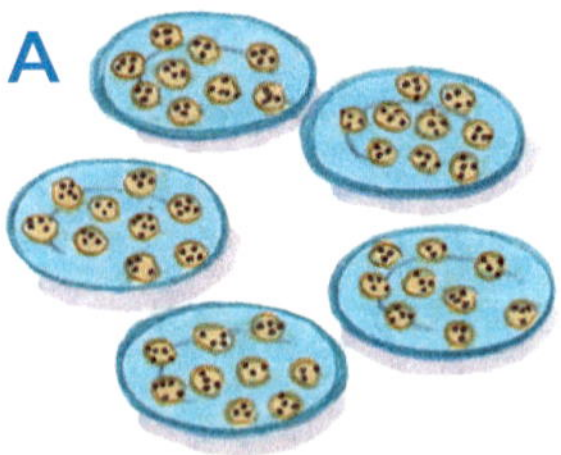

B

C

D

1 Im Sportunterricht stehen in 4 Gruppen je 7 Kinder.

2 Max verteilt 45 Kekse auf 5 Teller.

3 Maria würfelt 3 Sechsen und rückt auf dem Spielfeld weit vor.

4 Tim hängt 8 Bilder an die Pinnwand. Er braucht 32 Nadeln

2) A 2 Wie viele Kekse sind auf einem Teller?
45 : 5 = ...
Auf einem Teller liegen ... Kekse.

(3) Zeichne eigene Bilder zu den Aufgaben und schreibe oder erzähle Geschichten!

a) 5 · 4 b) 3 · 8 c) 18 : 2 d) 6 : 3

Ihr könnt mit euren Bildern und Geschichten eine Ausstellung in der Klasse machen.

1 Aufgabenfamilien aus Musterbild ablesen, Auffälligkeiten erkennen und beschreiben;
2 Sachaufgaben, Frage notieren, Bild-Text-Zuordnung; **3** eigene Muster zeichnen, Aufgabenfamilien schreiben

E▸40 AH▸42 A▸40

① Zahlenrätsel. Schreibe die passenden Aufgaben und finde die Zahlen!

Meine Zahl ist das Doppelte von 9.
Tom

Meine Zahl ist um 5 kleiner als das Doppelte von 8.
Mona

Meine Zahl ist das Dreifache von 7.
Niclas

Meine Zahl ist die Hälfte von 14.
Luise

Meine Zahl kommt in der 3er- und 8er-Reihe vor und liegt zwischen 20 und 30.
Vedat

Meine Zahl ist durch 3, 6 und 9 teilbar.
Maria

② a) Beim Würfelspiel würfelt Ina dreimal die 3 und zweimal die 2. Wie hoch ist ihre Augenzahl?

b) Max würfelt dreimal die 5 und zweimal die 4.

c) Maria würfelt zweimal die 3 und dreimal die 6.

d) Wer hat die höchste Augenzahl gewürfelt?

③ Ein Kartenspiel ist zu Ende. Alle Kinder zählen die Punkte zusammen.

a) Lena hat drei Karten mit der 8 und vier mit der 2 in der Hand.

b) Laura legt fünfmal die 6 und viermal die 9 auf den Tisch.

c) Jan besitzt zweimal die 8, dreimal die 7, zweimal die 4 und einmal die 5.

d) Wer hat die höchste Punktzahl?

④ Heute feiern wir den Geburtstag von Noah.

Wie alt ist er?

Noahs Mutter ist fünfmal so alt wie er.

Noah ist jetzt doppelt so alt wie sein Bruder Luca.

Wie alt ist Noahs Vater?

① Lena hat 14 Schokoküsse. Sie verteilt sie an 4 Kinder.
Jeder soll gleich viele bekommen.

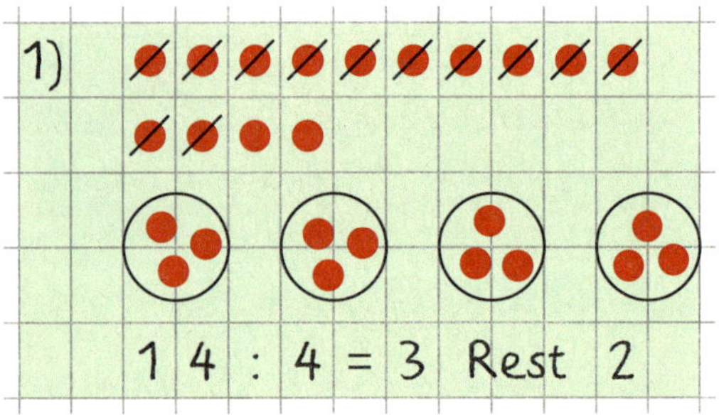

Jeder bekommt 3 Schokoküsse.
2 Schokoküsse bleiben übrig.

② a) Verteile 20 Schokoküsse an 6 Kinder! b) Verteile 26 Schokoküsse an 3 Kinder! c) Verteile 38 Schokoküsse an 5 Kinder!

2a) 20 : 6 = … Rest …

③ Jeder bekommt gleich viele.

a)

Verteile 32 Spielkarten an 5 Kinder!

b)

Verteile 20 Bananen an 3 Affen!

c)

Verteile 40 Murmeln an 6 Kinder!

④

a)	b)	c)	d)	e)
24 : 5	34 : 8	22 : 9	52 : 10	19 : 3
18 : 7	40 : 9	25 : 6	19 : 2	26 : 4

2 Rest 4   2 Rest 4   2 Rest 6   4 Rest 1   4 Rest 2   4 Rest 4   4 Rest 4   5 Rest 2   6 Rest 1   6 Rest 2   9 Rest 1

⑤ Super-Päckchen!

a)	b)	c)	d)	e)
6 : 5	10 : 9	36 : 7	38 : 4	74 : 8
12 : 5	20 : 9	44 : 7	34 : 4	68 : 8
18 : 5	30 : 9	52 : 7	30 : 4	62 : 8
__ : _	__ : _	__ : _	__ : _	__ : _

1 Divisionsaufgaben mit Rest kennen lernen; **2** kann wie in 1 mit einer Zeichnung als Hilfe gelöst werden; **3** zu Sachsituationen passende Rechnungen finden; **4** Divisionsaufgaben mit Rest lösen; **5** Struktur der Päckchen erkennen, beim Rechnen nutzen; Päckchen fortsetzen, Ergebnisse untersuchen E▸41 AH▸43 A▸41

① Beim Kuchenverkauf auf dem Frühlingsfest wurden 72 € eingenommen.
Das Geld soll gleichmäßig an 8 Klassen verteilt werden.
Wie viel bekommt jede Klasse?

1) 72 € : 8 = … €
Jede Klasse bekommt … €.

② Rechne! Was weißt du jetzt?

a) Max, Jan und Anne haben an ihrem Stand 24 € eingenommen. Jeder soll gleich viel bekommen.

b) Lena verkauft 7 Bücher. Jedes Buch kostet 3 €. Wie viel Geld nimmt Lena ein?

③ Marias Fußballmannschaft fährt zum Turnier.
Immer 3 Kinder passen in ein Auto.
Wie viele Autos werden benötigt?

④ Immer 3 Kinder passen in ein Auto. Wie viele Autos werden benötigt?

a) In Tims Mannschaft sind 17 Kinder.

b) In Alenas Mannschaft sind 21 Kinder.

c) In Naomis Mannschaft sind 10 Kinder.

d) In Vedats Mannschaft sind 13 Kinder.

1–4 Sachaufgaben mit Hilfe von Multiplikations- und Divisionsaufgaben lösen;
3, 4 Divisionsaufgaben mit Rest – Ergebnis richtig interpretieren und auf die Anzahl der Autos schließen

Das kann ich schon!

① Plusaufgaben – Malaufgaben

a) 

b) 

c) 

d) 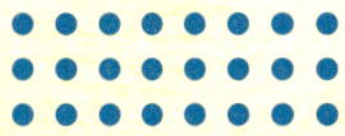

Finde immer eine Plusaufgabe und eine Malaufgabe!

1	a)		3	+	3	+	…	=	…
					…	·	3	=	…

② Tauschaufgaben

a) 3 · 7 b) 9 · 6 c) 4 · 8 d) 5 · 5

Rechne Aufgabe und Tauschaufgabe!

③ Verdoppeln

a) 3 · 9 b) 1 · 7 c) 4 · 5 d) 5 · 6 e) 2 · 8

6 · 9 2 · 7 _ · 5 _ · _ _ · _

④ Kernaufgaben

Rechne mit den Kernaufgaben!

a) 7 · 4 = __
5 · 4 = __
2 · 4 = __

b) 6 · 9 = __
5 · 9 = __
_ · 9 = __

c) 7 · 8 = __
_ · 8 = __
_ · _ = __

d) 9 · 3 = __
10 · 3 = __
1 · 3 = __

e) 8 · 6 = __
10 · 6 = __
__ · 6 = __

f) 4 · 7 = __
_ · 7 = __
_ · _ = __

⑤ Malaufgaben finden

a) 18 b) 15 c) 20

d) 56 e) 25 f)

Finde zu jeder Zahl Malaufgaben!

5	a)		2	·	9	=	1	8
			…	·	…	=	1	8

1 in Bildern Additions- und Multiplikationsaufgaben erkennen; **2** Tauschaufgaben bilden; **3** Verdoppeln; **4** mit den Kernaufgaben 1·, 2·, 5·, 10· andere Einmaleinsaufgaben lösen; **5** Multiplikationsaufgaben zu vorgegebenen Ergebnissen finden E▸42 A▸42

① Zahlenrätsel

Meine Zahl ist das Vierfache von 7. Max

Meine Zahl ist das Doppelte von 8. Lena

Meine Zahlen aus der 7er-Reihe liegen zwischen 20 und 30. Naomi

Meine Zahl gehört zur 4er- und zur 5er-Reihe. Sie ist kleiner als 30. Vedat

Wie heißen die Zahlen der Kinder?

Ich erfinde eigene Zahlenrätsel.

② Aufteilen und verteilen

a) 16 Kinder.
Immer 4 an einem Tisch.

b) Aus 18 Steckwürfeln Sechsertürme bauen.

c) 15 Tomaten auf 3 Teller verteilen.
Auf jeden Teller gleich viele.

Schreibe Geteiltaufgaben!
Rechne!

③ Aufgabenfamilien bilden

a) 4 | 28 | 7

b) 3 | | 6

c) 42 | | 7

d) | 24 |

Rechne immer 4 Aufgaben!

3	a)		4	·	7	=	2	8
			7	·	4	=	...	
		2	8	:	7	=	...	
		2	8	:	4	=	...	

④ Teilen mit und ohne Rest

a) 22 : 6 b) 30 : 3 c) 30 : 7 d) 48 : 8

Rechne! Du kannst auch dazu zeichnen!

1 Zahlenrätsel Einmaleins; **2** Divisionsaufgaben aus Sachsituationen: Aufteilen/Verteilen;
3 Aufgabenfamilien zusammenstellen; **4** Divisionsaufgaben mit Rest lösen – evtl. mit einer Zeichnung als Hilfe

E▸42 A▸42

1 Wo siehst du Rechtecke, Quadrate, Dreiecke und Kreise?

2

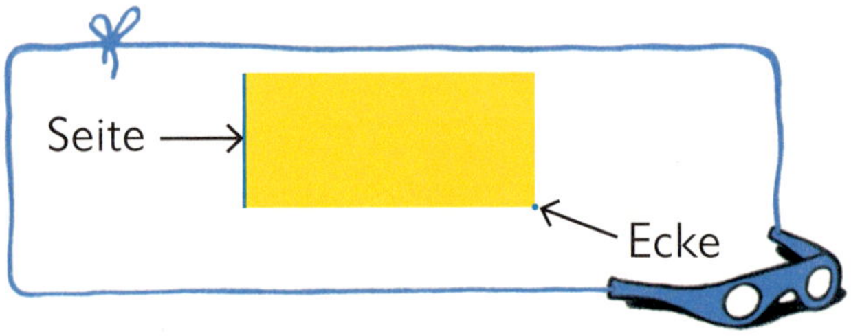

Beschreibe und vergleiche die Formen!

Das Rechteck hat __ Ecken,
__ Seiten und __ rechte Winkel.
Die gegenüberliegenden Seiten sind …
Die gegenüberliegenden Seiten sind …

Das Dreieck hat
__ Ecken und
__ Seiten.

Das Quadrat hat __ Ecken,
__ Seiten und __ rechte Winkel.
Alle Seiten sind …
Die gegenüberliegenden Seiten sind …

Der Kreis hat
__ Ecken.

3 Figurenrätsel

1 ebene geometrische Formen in Alltagsgegenständen entdecken, Namen der Formen wiederholen;
2, 3 die Fachbegriffe „Ecke“ und „Seite“ kennen lernen, geometrische Formen nach ihren Merkmalen beschreiben;
3 Formen auf Grund der Beschreibung identifizieren E▸43 AH▸44 A▸43

Kreis

① Wie werden die Kreise gezeichnet?

②

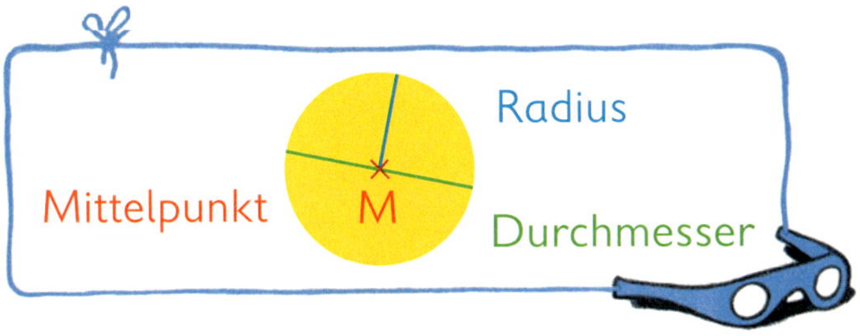

③ Zeichne Kreise mit dem Zirkel in dein Heft!

④ Zeichne die Kreismuster in dein Heft!

a)

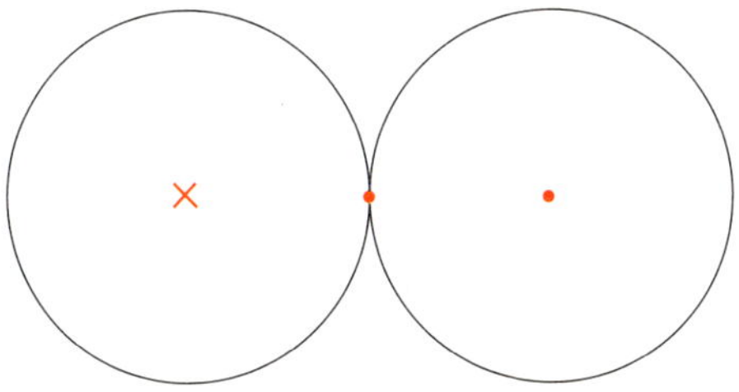

b)

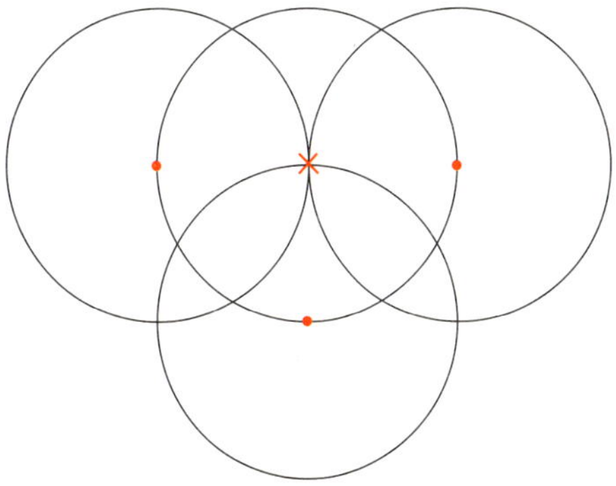

⑤ Wie groß ist der Radius? Wie groß ist der Durchmesser?

5 a) Radius: ... mm
Durchmesser: ... mm

a)

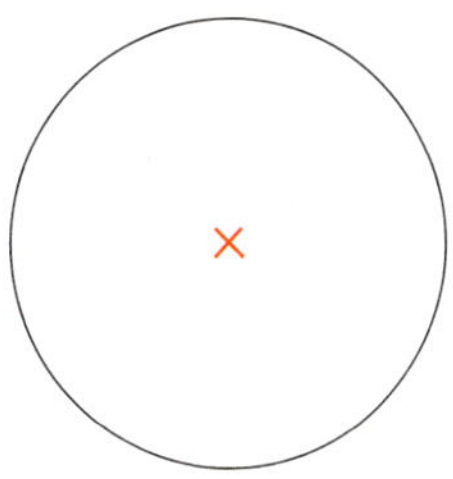

b)

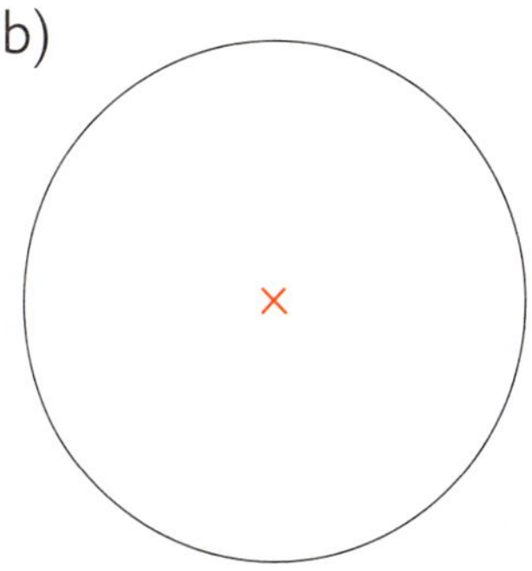

1 Kreise auf verschiedene Arten zeichnen; **2** die Fachbegriffe „Mittelpunkt", „Radius" und „Durchmesser" kennen lernen; **3, 4** fachgerechtes Zeichnen mit dem Zirkel ohne Maßvorgaben; **5** Radius und Durchmesser messen, Kreise können nach Vorgabe gezeichnet werden

E▶43 AH▶44 A▶43

Geometrie in der Kunst

(1)

a) Beschreibe das Bild von Wassily Kandinsky! Welche Formen siehst du?

b) Finde einen Titel für das Bild!

Wassily Kandinsky

(2) Ali, Lena, Max und Nele gestalten Bilder wie Wassily Kandinsky. Beschreibe, wie sie arbeiten!

(3) Gestalte ein eigenes Bild aus geometrischen Formen!

1 geometrische Formen im Kunstwerk entdecken, Bild beschreiben; auf Grund der Beschreibungen und eigenen Assoziationen einen Titel finden; **2** Erklären, wie gearbeitet wird: Freihandzeichnung, Gegenstände umranden, Schablonen herstellen, Zeichengeräte nutzen; **3** Eigenproduktion, Techniken aus 2 anwenden E▸44 AH▸45 A▸44

① Beschreibe die Bilder!

② Wo findest du ähnliche Muster?

③ Zeichne ab und male aus!

a)
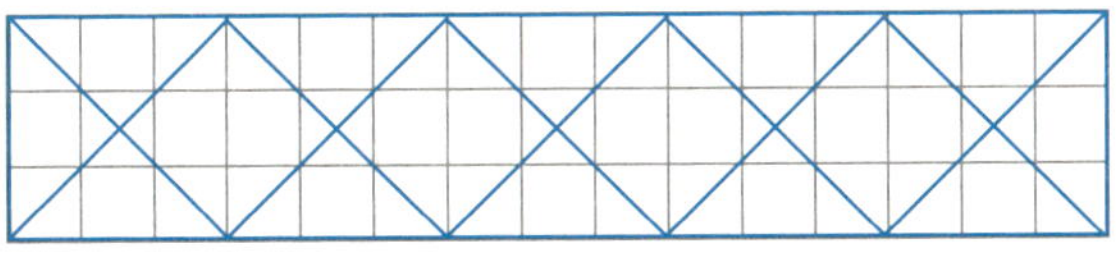

b)
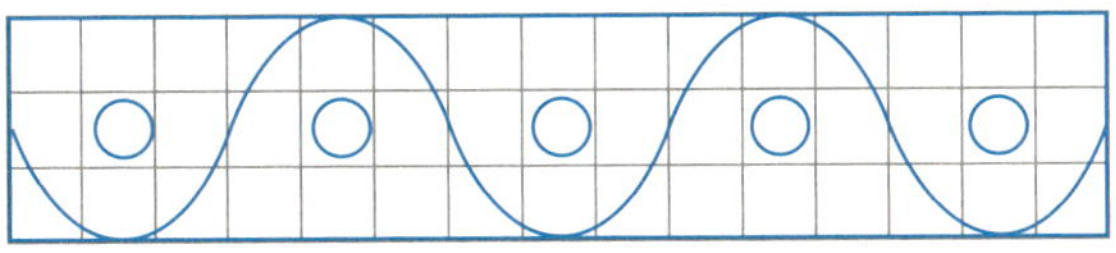

c) Zeichne eigene Ornamente!

④ Sind die roten Figuren Quadrate?
Wie kannst du prüfen?

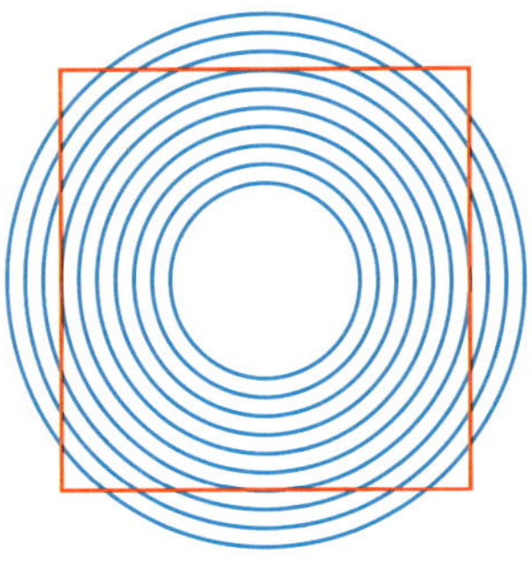
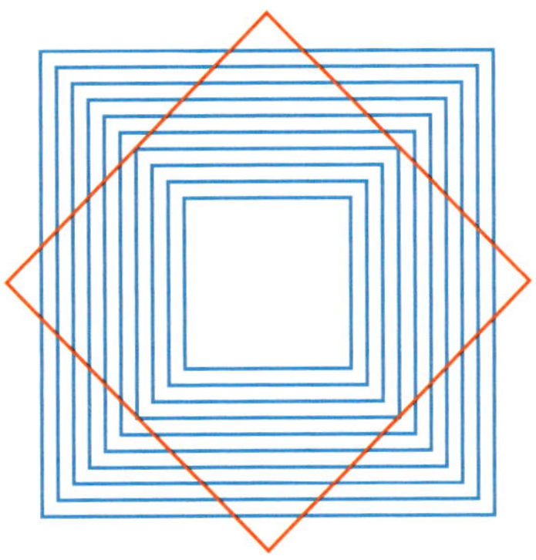
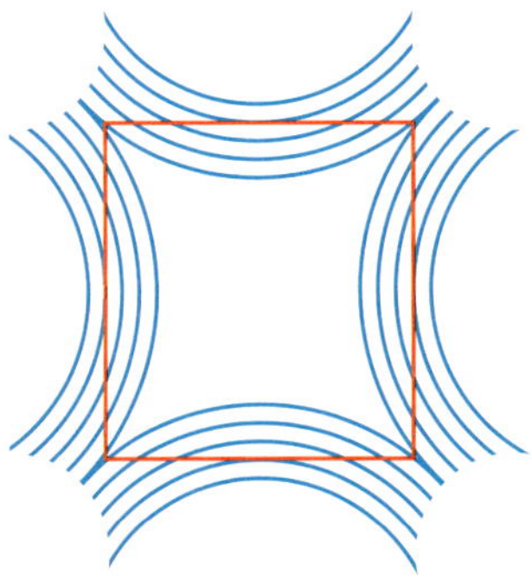

1, 2 Ornamente beschreiben, in der Umgebung entdecken; 3 Ornamente freihand ab- und weiterzeichnen, färben und selbst entwerfen; 4 optische Täuschungen mit Zeichengeräten überprüfen

E▸44 AH▸45 A▸44

Mit Formen legen

① Lege nach!
Erfinde eigene Bilder mit Legeplättchen!

② Lege das Boot auf drei verschiedene Arten!
Schau in die Tabelle!

	□ (Quadrat)	▯ (großes Rechteck)	▯ (kleines Rechteck)	◺ (großes Dreieck)	◺ (mittleres Dreieck)	◺ (kleines Dreieck)
a)	1	–	–	–	1	2
b)	–	–	2	–	1	2
c)	–	–	2	–	–	4

ⓓ Finde weitere Möglichkeiten!
Notiere deine Lösungen in einer Tabelle!

③ Suche dir eine Möglichkeit aus!
Benutze die Plättchen
als Schablonen und zeichne
das Boot in dein Heft!

④ Lege eine eigene Figur!
Zeichne sie in dein Heft!
Notiere deine Lösungen in eine Tabelle!

1 Eigenproduktion: mit geometrischen Formen gestalten; **2** Figuren mit vorgegebenen Plättchen auslegen, eigene Lösungen finden und in Tabellenform notieren; **1, 3, 4** Plättchen als Schablonen nutzen E▸45 AH▸46 A▸45

1 

a) Lege das Quadrat aus wie Lea!

b) Finde viele verschiedene Lösungen! Notiere in einer Tabelle!

c) Finde eine Lösung mit möglichst wenigen Plättchen!

d) Finde eine Lösung mit möglichst vielen Plättchen!

2 Wie haben die Kinder das Quadrat gelegt? Probiere!
Notiere die Lösungen in einer Tabelle!

3 Prüfe: Welche Lösung passt nicht in das Quadrat von Aufgabe 1?

A	–	–	–	1	1	2
B	1	–	2	–	1	2
C	–	1	2	–	1	–

Wiederholung Addition und Subtraktion

1

2 Immer bis zum Zehner

2a) 54 + 6 = 60

a) 54 + ___ = 60
31 + ___ = 40
63 + ___ = 70
17 + ___ = ___

b) 98 − ___ = 90
46 − ___ = 40
34 − ___ = 30
29 − ___ = ___

c) 75 + ___ = ___
87 − ___ = ___
42 + ___ = ___
53 − ___ = ___

d) 94 − ___ = ___
21 + ___ = ___
76 − ___ = ___
64 + ___ = ___

3 Super-Päckchen!

a) 6 + 7 = ___
16 + 7 = ___
26 + 7 = ___
___ + _ = ___

b) 9 + 5 = ___
9 + 25 = ___
9 + 45 = ___
_ + ___ = ___

c) 12 − 8 = ___
32 − 8 = ___
52 − 8 = ___
___ − _ = ___

d) 16 − 7 = ___
26 − 7 = ___
36 − 7 = ___
___ − _ = ___

4 Rechne die Aufgabe oder die Tauschaufgabe! Welche Aufgabe ist leichter?

a) 4 + 38
3 + 69
76 + 8
24 + 9

b) 12 + 8
4 + 17
15 + 6
3 + 67

c) 54 + 7
5 + 36
6 + 73
89 + 3

d) 65 + 9
37 + 8
4 + 48
43 + 43

20 20 21 21 33 41 42 45 52 61 70 72 74 79 84 86 92

1 Rechenkonferenz: Rechenwege/Notationen bei der Addition und Subtraktion wiederholen; **2** Addition und Subtraktion bis zum Zehner; **3** Struktur der Päckchen erkennen und beim Rechnen nutzen, die Päckchen fortsetzen; **4** Tauschaufgaben wiederholen E▸46 AH▸47 A▸46

① 3 Zahlen – 4 Aufgaben: eine Aufgabenfamilie

1	a)	7	5	+	1	3	=	8	8	
		1	3	+	7	5	=			
		8	8	–	1	3	=			
		8	8	–	7	5	=			

a) 88, 75, 13

b) 24, 23, 47

ⓒ 7, 64, ☐

② Geschickt addieren

a) 32 + 9
56 + 9
17 + 9

b) 25 + 9
88 + 9
64 + 9

ⓒ 43 + 8
82 + 8
27 + 8

26 31 34 35 41 51 65 73 90 97

③ Geschickt subtrahieren

a) 25 – 9
97 – 9
64 – 9

b) 32 – 9
56 – 9
48 – 9

ⓒ 43 – 8
82 – 8
26 – 8

16 17 18 23 35 39 47 55 74 88

④ Rechne mit deinem Rechenweg!

a) 54 + 8
27 + 6
84 + 9

b) 42 + 57
65 + 14
72 + 28

c) 97 – 9
36 – 7
41 – 8

d) 57 – 43
63 – 21
99 – 19

14 29 33 33 42 62 79 80 88 88 93 99 100

⑤ Kettenaufgaben im Kreis rechnen
Erreichst du wieder die Startzahl?

5	a)	2	5	+		8	=	3	3
		3	3	+	1	5	=		

a)

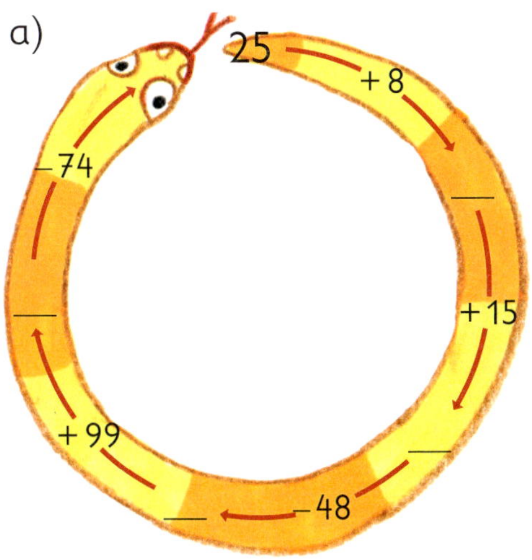

b)

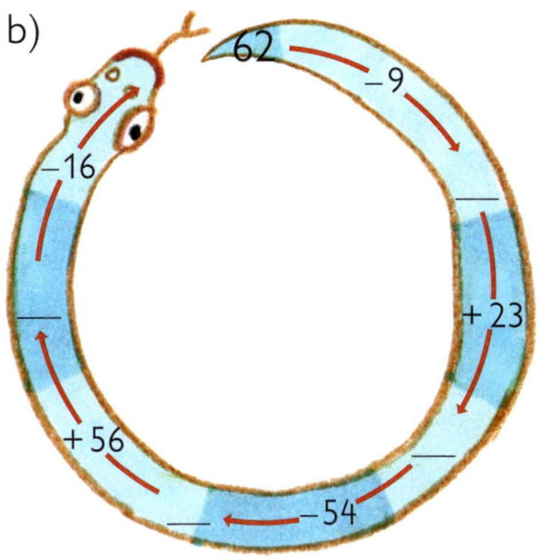

Addieren und Subtrahieren – Rechenwege

① Rechenkonferenz

1	2	3	4	5	6	7	8	9	10
11	12	13	14	15	16	17	18	19	20
21	22	23	24	25	26	27	28	29	30
31	32	33	34	35	36	37	38	39	40
41	42	43	44	45	46	47	48	49	50
51	52	53	54	55	56	57	58	59	60
61	62	63	64	65	66	67	68	69	70
71	72	73	74	75	76	77	78	79	80
81	82	83	84	85	86	87	88	89	90
91	92	93	94	95	96	97	98	99	100

36 + 27

② Notiere deinen Rechenweg!

2a) 58 + 27 = ...

a) 58 + 27, 36 + 26, 75 + 17, 43 + 49

b) 26 + 19, 68 + 24, 13 + 78, 37 + 54

c) 46 + 27, 49 + 44, 24 + 57, 38 + 26

d) 18 + 25, 77 + 18, 36 + 48, 59 + 34

41 43 45 62 64 73 81 84 85 91 91 92 92 92 93 93 95

③ Super-Päckchen!

a) 27 + 16, 27 + 26, 27 + 36, __ + __, __ + __

b) 72 + 19, 73 + 18, 74 + 17, __ + __, __ + __

c) 23 + 68, 33 + 58, 43 + 48, __ + __, __ + __

d) 33 + 48, 31 + 47, 29 + 46, __ + __, __ + __

e) Beschreibe, was dir bei den Ergebnissen auffällt! Kannst du es erklären?

1 Rechenwege und Darstellungen bei der Addition gemischter Zehnerzahlen beschreiben und erklären; **2** Aufgaben mit dem eigenen Rechenweg lösen; **3** Struktur der Päckchen erkennen und nutzen, die Zusammenhänge zwischen Summanden und Ergebnis erkennen E▸47 AH▸48 A▸47

① Rechenkonferenz

1	2	3	4	5	6	7	8	9	10
11	12	13	14	15	16	17	18	19	20
21	22	23	24	25	26	27	28	29	30
31	32	33	34	35	36	37	38	39	40
41	42	43	44	45	46	47	48	49	50
51	52	53	54	55	56	57	58	59	60
61	62	63	64	65	66	67	68	69	70
71	72	73	74	75	76	77	78	79	80
81	82	83	84	85	86	87	88	89	90
91	92	93	94	95	96	97	98	99	100

63 – 27

② Notiere deinen Rechenweg!

2a) 32 – 17 = ...

a)	b)	c)	d)
32 – 17	52 – 25	72 – 37	82 – 46
76 – 18	57 – 28	74 – 29	54 – 37
45 – 26	85 – 37	63 – 35	93 – 56
62 – 34	61 – 44	65 – 28	26 – 18

8 12 15 17 17 19 27 28 28 29 35 36 37 37 45 48 58

③ Super-Päckchen!

a)	b)	c)	d)
85 – 17	83 – 64	88 – 59	91 – 76
85 – 27	74 – 55	77 – 49	82 – 66
85 – 37	65 – 46	66 – 39	73 – 56
__ – __	__ – __	__ – __	__ – __
__ – __	__ – __	__ – __	__ – __

e Was fällt dir auf? Kannst du es erklären?

1 Rechenwege und Darstellungen bei der Subtraktion gemischter Zehnerzahlen besprechen; **2** Aufgaben mit dem eigenen Rechenweg lösen; **3** Struktur der Päckchen erkennen und nutzen, Auffälligkeiten begründen

E▸47 AH▸48 A▸47

Addieren und Subtrahieren üben

(1) Aufgabenfamilien

1	a)	1	8	+	2	5	=	4	3	
		2	5	+	1	8	=			
		4	3	–	2	5	=			
		4	3	–	1	8	=			

a) 18 25 43

b) 49 96 47

c) 84 36 48

(2) Aufgabenfamilien. Finde passende Zahlen!

a) 28 28 56

b) 62 34 ___

c) 19 ___ 83

d) ___ ___ ___

(3) Ergänze! Die Umkehraufgabe hilft dir.

a) __ + 24 = 42
__ + 57 = 83
__ + 18 = 35
__ + 61 = 99

b) 29 + __ = 47
78 + __ = 99
23 + __ = 51
48 + __ = 64

c) __ – 19 = 78
__ – 24 = 17
__ – 56 = 26
__ – 37 = 25

d) Erfinde eigene Ergänzungsaufgaben für deinen Nachbarn! Du rechnest die Aufgaben, die dein Nachbar erfunden hat.

(M) Die Umkehraufgabe hilft!
__ + 24 = 42
42 – 24 = __

(4) Zahlenmauern

a)

b)

c)

(d) Baue eine Mauer aus 58 39 19 42 100 23 !

1 Kettenaufgaben

a) b) c)

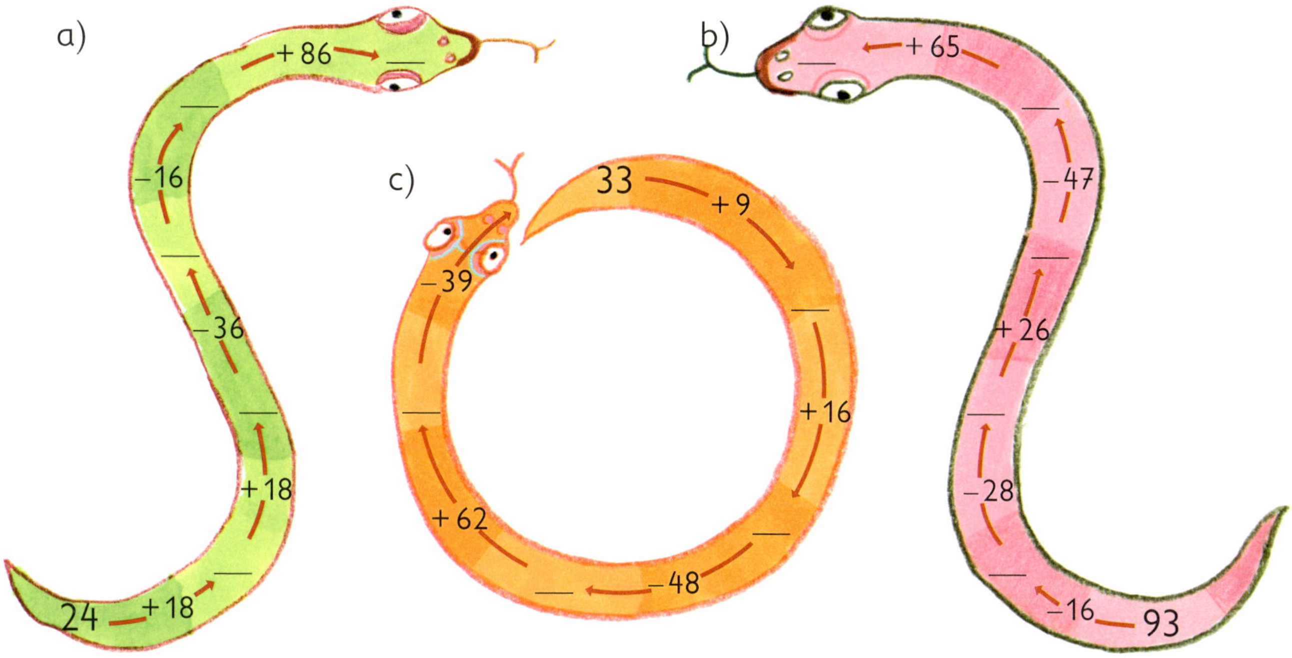

2 Rechnen in Tabellen

a)

+	19	39	9	29
26				
39				
54				

b)

+	37	15		34
18				
58				
38			66	

c)

−	47	34	26	19
93				
53				
73				

d)

−	26	37		59
63				
82			34	
95				

3 Super-Päckchen! Erfinde ein eigenes! Wie verändern sich deine Zahlen?

a) 86 + 5
66 + 25
46 + 45
__ + __

b) 92 − 36
82 − 36
72 − 36
__ − __

c) 24 + 18
34 + 28
44 + 38
__ + __

d) __ − __
__ − __
__ − __
__ − __

4 Schreibe nur Aufgaben auf, deren Ergebnis …

a) … größer als 70 ist!

b) … kleiner als 20 ist!

59 29 45 26 38 64

+ −

43 36 18 27

Geschicktes Rechnen

①

Welches Kind rechnet welche Aufgabe?
Erkläre!

② Hier kannst du geschickt rechnen.

a)	b)	c)	d)
62 + 29	26 + 38	84 − 19	93 − 68
16 + 69	57 + 28	72 − 49	74 − 38
54 + 39	35 + 48	96 − 69	56 − 48
37 + 49	49 + 18	43 − 29	62 − 28

M

62 + 29 =
62 + 30 = 92
92 − 1 = 91

③ Rechne auch hier geschickt!
Du kannst die Reihenfolge verändern.

3a) 24 + 36 + 17 = …

b) 74 − 36 − 14 = …

a)	b)
24 + 17 + 36	74 − 36 − 14
18 + 33 + 27	82 − 36 − 32
31 + 19 + 42	53 − 14 − 26
34 + 47 + 16	65 − 27 − 15

④ Prüfe, ob du geschickt rechnen kannst! Rechne!

a)	b)	c)	d)
14 + 48	74 − 39	28 + 14 + 42	83 − 26 − 34
36 + 39	64 − 39	34 + 27 + 23	72 − 45 − 22
56 + 39	53 − 26	42 + 18 + 25	95 − 17 − 55
67 + 25	92 − 48	16 + 46 + 34	64 − 37 − 13

1 Rechenkonferenz: Erklären, wie die Kinder rechnen; 2 Rechnen wie in Aufgabe 1;
3 Rechenreihenfolge geschickt verändern; 4 möglichst geschickt rechnen

E▸49 AH▸50 A▸49

① Notiere in deinem Heft, wie du rechnest!
Was weißt du jetzt?

a) Für den Theaterbesuch haben sich insgesamt 77 Kinder angemeldet. Wie viele Kinder aus der 2b kommen mit?

b) Zum Theater kommen noch 4 Lehrerinnen und 9 Eltern mit. Wie viele Personen sind es insgesamt?

Anmeldungen Theater

1a	24
1b	18
2a	16
2b	

② a) Die Klassen 3a, 3b, 4a und 4b fahren ins Museum. Insgesamt kommen 92 Kinder mit. In den Klassen 4a und 4b sind gleich viele Kinder. Wie viele Kinder sind in jeder Klasse?

b) Zum Museum kommen 3 Lehrer und 7 Eltern mit. Wie viele Personen sind es insgesamt?

Anmeldungen Museum

3a	21
3b	23
4a	
4b	

③ Würfelspiel

Würfelt mit 4 Würfeln!
Jeder bildet 2 Zahlen.
Rechnet eine Plusaufgabe oder eine Minusaufgabe!
Wer näher an der 50 ist, bekommt einen Punkt.

④ Löse die Rätsel! Schreibe eigene Rätsel!

Meine Zahl erhältst du, wenn du 39 und 49 addierst. Lena

Ziehe von 83 27 ab! Dann erhältst du meine Zahl. Ali

Wenn du von meiner Zahl zweimal 16 subtrahierst, erhältst du 32. Vedat

Bei meiner Zahl sind Zehner und Einer gleich. Wenn du 28 dazuzählst, erhältst du eine Zahl zwischen 70 und 80. Maria

Der Zehner meiner Zahl ist doppelt so groß wie der Einer. Die Zahl gehört zur 6er-Reihe. Tim

1, 2 den Zetteln Informationen zur Aufgabenlösung entnehmen;
3 Wer kommt näher an die 50? **4** Zahlenrätsel lösen und eigene schreiben

E▸49 AH▸50 A▸49

① Mit Würfelzahlen rechnen

a)

Nimm einen Spielwürfel zu Hilfe!
Fülle die Tabellen aus!

1a)	vorne	hinten	oben	unten	rechts	links
	4		5			

Was fällt dir bei den Zahlenpaaren auf?

b) Bilde aus den Zahlenpaaren zweistellige Zahlen!

b)	vorne/hinten	oben/unten	rechts/links
	43, 34	52,	

ⓒ Rechne Plusaufgaben mit den Zahlen! Was fällt dir auf?

43 + 34 = __
52 + __ = __
__ + __ = __

ⓓ Rechne Minusaufgaben mit den Zahlen! Was fällt dir auf?

43 – 34 = __
52 – __ = __
__ – __ = __

e) Ordne die Zahlen aus der Tabelle in b) der Größe nach! Wie heißt die Regel?

e)	16, …
	Regel: …

② Stellentausch mit Ziffern

Du brauchst diese Ziffernkarten:

a) Wähle 2 Karten! Bilde daraus 2 Zahlen!
Rechne eine Plusaufgabe und eine Minusaufgabe!

ⓑ Wie viele verschiedene Aufgaben gibt es?
Findest du alle?
Überlege oder probiere mit den Ziffernkarten!

ⓒ Was fällt dir bei den Ergebnissen auf?
Findest du eine Erklärung?

1 Würfelzahlen für Zahlenbildung und Rechenaufgaben nutzen; Tabellen ausfüllen; Auffälligkeiten entdecken, beschreiben, begründen; **2** Addition/Subtraktion mit besonderen Zahlen (Zifferntausch); systematisches Probieren; Entdeckungen beschreiben E ▸ 50 AH ▸ 51 A ▸ 50

① Würfelspiel für 2: „Vier im Quadrat"
Ihr braucht: 2 Hundertertafeln, 2 Würfel, Plättchen oder einen Stift

Regeln: Bilde aus zwei Würfelzahlen eine neue Zahl!
Du kannst plus, minus, mal oder geteilt rechnen
oder einfach eine zweistellige Zahl bilden.
Markiere die Zahl in deiner Hundertertafel!
Würfle abwechselnd mit deinem Partner!
Wer zuerst 4 Zahlen im Quadrat abgedeckt hat,
gewinnt.

② Rechnen mit „Vier im Quadrat"

a) Suche in der Hundertertafel vier Zahlen im Quadrat!
Rechne über Kreuz Plusaufgaben!

14	15
24	25

14 + 25 = __
15 + 24 = __

28	29
38	39

28 + __ = __
29 + __ = __

__ + __ = __
__ + __ = __

b Wo findest du Ergebnisse mit gleichen Ziffern?

c) Rechne genauso Minusaufgaben!

d Vergleiche die Ergebnisse! Findest du eine Erklärung?

③ Rechnen mit Mustern

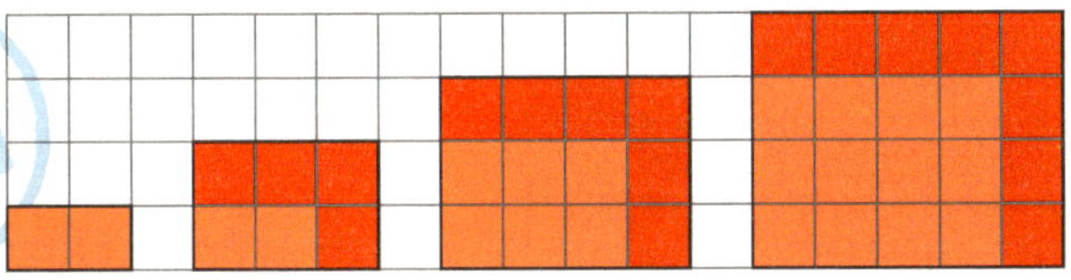

2	2 + 4	6 + 6	12 + 8
1 · 2	2 · 3	3 · 4	4 · 5

a) Zeichne ab und rechne!

b) Zeichne das fünfte Rechteck!

c Wie sieht das achte Rechteck aus? Weißt du das, ohne alle Rechtecke zu zeichnen?

1 mit Würfelzahlen geschickt rechnen; **2** Zusammenhänge in der Hundertertafel erkennen; Muster entdecken; besondere Ergebnisse und Zusammenhänge erklären; **3** Regel einer geometrischen Folge erkennen und die Folge rechnerisch oder zeichnerisch fortsetzen
E▸50 AH▸51 A▸50

① Figurenrätsel

Meine Figur hat 3 Seiten.
Mona

Die gegenüberliegenden Seiten sind parallel zueinander. Alle Seiten sind gleich lang.
Naomi

Meine Figur hat 4 rechte Winkel. Die gegenüberliegenden Seiten sind gleich lang.
Tom

Meine Figur hat keine Ecken.
Paul

Wie heißt die Figur?

1) Mona: ...

② Mit Formen legen

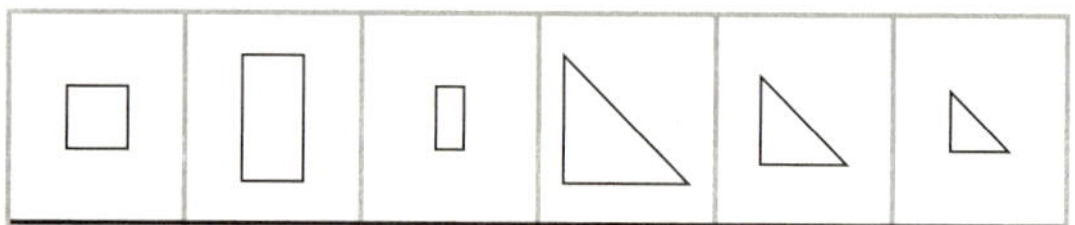

3	–	–	–	1	2

Lege die Figur nach!
Finde andere Lösungen für diese Figur!
Notiere sie in einer Tabelle!

③ Addition und Subtraktion

a) 36 + 47 = ___
56 + 28 = ___
17 + 56 = ___
24 + 39 = ___

b) 45 − 17 = ___
67 − 28 = ___
94 − 36 = ___
86 − 49 = ___

Rechne mit deinem Rechenweg!

3 a) 36 + 47 = ...

④ Super-Päckchen!

a) 16 + 18
16 + 28
16 + 38
___ + ___

b) 44 + 38
45 + 37
46 + 36
___ + ___

c) 96 − 17
96 − 27
96 − 37
___ − ___

d) 92 − 77
83 − 67
74 − 57
___ − ___

Rechne!
Wie geht es weiter?

Ich erfinde eigene Super-Päckchen.

1 Figuren anhand der beschriebenen Merkmale erkennen; **2** Figur mit Formenplättchen nachlegen, andere Legemöglichkeiten finden und in einer Tabelle notieren; **3** Rechenwege beim Zehnerübergang notieren; **4** Muster/Struktur als Rechenvorteil nutzen, Eigenproduktion E▶51 A▶51

① Aufgaben bilden – Ergebnisse schätzen

27 58 36 46 + − 15 28 37

Schreibe Aufgaben mit Ergebnissen …

a) … größer als 70!

b) … kleiner als 30!

②

a) 27 $\xrightarrow{+35}$ ☐ $\xrightarrow{-28}$ ☐ $\xrightarrow{+62}$ ☐ $\xrightarrow{-48}$ ☐ $\xrightarrow{+52}$ ☐

b) 88 $\xrightarrow{-60}$ ☐ $\xrightarrow{+29}$ ☐ $\xrightarrow{-49}$ ☐ $\xrightarrow{+78}$ ☐ $\xrightarrow{-36}$ ☐

Schreibe als Aufgaben in dein Heft! Rechne!

③ Zahlenmauern

a)

37	16	16

b)

47		
	28	15

c)

	95	
17	25	

d) 34 18 100 16 66 48

④ Zahlenrätsel – Geschickt rechnen

Meine Zahl ist das Doppelte von 39.
Sina

Meine Zahl ist um 29 kleiner als 87.
Max

Zähle zu 49 die Hälfte von 28 dazu!
Ali

Meine Zahl: Zähle zu 25 den Vorgänger und den Nachfolger dazu!
Lena

Wie heißen die Zahlen der Kinder?

Ich erfinde eigene Zahlenrätsel.

Uhrzeit – Die Stunde

①

② Welche Uhrzeiten werden angezeigt? Schreibe beide auf!

2	a)			1.	0	0	Uhr		
			1	3.	0	0	Uhr		

a) 
b) 
c) 

d) 
e) 
f) 
g) 
h) 

③ Stelle auf deiner Lernuhr die folgenden Uhrzeiten ein!
Kontrolliere mit deinem Partner!

a) 5.00 Uhr
19.00 Uhr

b) 9.00 Uhr
16.00 Uhr

c) 12.00 Uhr
7.00 Uhr

d) 18.00 Uhr
1.00 Uhr

e) 14.00 Uhr
0.00 Uhr

④ Stelle verschiedene Uhrzeiten ein!
Erzähle deinem Partner, was du zu dieser Zeit machst!

⑤ Welche Uhren zeigen die gleiche Uhrzeit an?

5)		1	D		1	5.	0	0	Uhr	

1–5 Uhrzeiten mit vollen Stunden ablesen und auf der Lernuhr einstellen; digitale und analoge Uhren ablesen

E▸52 AH▸52 A▸52

①

Eine Stunde hat 60 Minuten.
In einer Stunde dreht sich der Minutenzeiger einmal um das Zifferblatt.
Der Stundenzeiger rückt zur nächsten Stunde vor.

1 Stunde = 60 Minuten
1 h = 60 min

② Wie viel Uhr ist es?
Stelle auf deiner Lernuhr ein und schreibe auf!

2a) 10.15 Uhr
22.15 Uhr

a) 
b) 
c) 
d) 

e) 
f) 
g) 
h) 

③ Überlege, was du den ganzen Tag über erlebst!
Wie lange dauern die einzelnen Tätigkeiten? Schreibe auf!

3) 1 Schulstunde 45 min, große Pause ..., Hausaufgaben ...

④ Wie viele Minuten dauert es? Probiere es aus!

a) von 0 bis 100 zählen
b) alle Jungennamen oder Mädchennamen der Klasse aufschreiben
c) die ganze Tafel sauber wischen
d) alle deine Holzstifte neu anspitzen

1 Einheit „Minute" kennen lernen; 2 Uhrzeiten minutengenau ablesen und auf der Lernuhr einstellen;
3, 4 Zeitdauer in Minuten messen
E▸52 AH▸52 A▸52

①

eine Viertelstunde	eine halbe Stunde	eine Dreiviertelstunde
15 Minuten	30 Minuten	45 Minuten

② Welche Uhrzeiten sind damit gemeint?
Stelle auf deiner Lernuhr ein und schreibe auf!

2) A 9.10 Uhr

A zehn nach neun

B viertel eins

C halb drei

D halb acht

E drei viertel acht

F zehn vor acht

G drei Uhr dreißig

H 5 vor 4

I 5 nach 7

③ Immer bis zur nächsten vollen Stunde. Die Lernuhr kann dir helfen.

a)  + __ min → 

b)  + __ min → 

c)  + __ min → 

ⓓ 13.45 Uhr + __ min → 14.00 Uhr

ⓔ 7.25 Uhr + __ min → ____ Uhr

ⓕ 20.35 Uhr + __ min → ____ Uhr

3a)
6.30 Uhr + 30 min → 7.00 Uhr

1, 2 regionale Sprechweisen beachten; **2** verschiedene Uhrzeitangaben lesen, auf der Lernuhr einstellen und mit Ziffern notieren; **3** zur nächsten vollen Stunde ergänzen

E▶53 AH▶53, 54 A▶53

①

	Mama	Papa	Luise	Paul
Montag	14.20 Uhr Zahnarzt			17.15 Uhr Fußball
Dienstag		17.00 Uhr Auto wegbringen	14.15 Uhr Klavier-unterricht (30 min)	
Mittwoch	16.05 Uhr Papa abholen	16.30 Uhr Auto aus der Werkstatt holen	16.15 Uhr Schwimmen (45 min)	
Donnerstag	17.00 Uhr Judo			16.00 Uhr Turnen (45 min)
Freitag		20.00 Uhr Tennis (2 h)	14.30 Uhr Geburtstag Tim, Ende: 17.30 Uhr	13.40 Uhr Kinderarzt
Samstag	14.15 Uhr Ute treffen			13.20 Uhr Fußballspiel
Sonntag	15.30 Uhr Kaffee bei Oma	15.30 Uhr Kaffee bei Oma	15.30 Uhr Kaffee bei Oma	15.30 Uhr Kaffee bei Oma

Das sind die Termine bei Familie Müller für diese Woche.
Wie sieht die Woche bei euch aus?

② Stelle auf deiner Lernuhr ein und rechne!

a) Pauls Fußballtraining endet um 18.15 Uhr. Wie lange dauert das Training?

+ __ h →

2a)
17.15 Uhr —+1 h→ 18.15 Uhr
Das Training dauert 1 Stunde.

b) Papa geht am Freitag zum Tennis.
Wann ist er fertig?

+ 2 h →

c) Am Sonntag fahren alle Oma besuchen. Die Fahrt dauert 2 Stunden.
Um wie viel Uhr müssen sie losfahren, damit sie pünktlich ankommen?

+ 2 h →

d) Luise spielt am Dienstag Klavier. Wann endet der Unterricht?

e) Mama arbeitet am Donnerstag 8 Stunden. Um 16.00 Uhr hat sie Feierabend. Um wie viel Uhr beginnt ihre Arbeit?

③ Finde weitere Aufgaben im Familienplaner und schreibe sie auf!

1 dem Familienplaner Informationen entnehmen, eigene Termine benennen können;
2 Rechnen mit Stunden und Minuten; **3** eigene Aufgaben und Fragen entwickeln

Die Sekunde

(1)

(2)

Viele Uhren zeigen Sekunden an. Finde Beispiele, wann Sekunden wichtig sind!

(3)

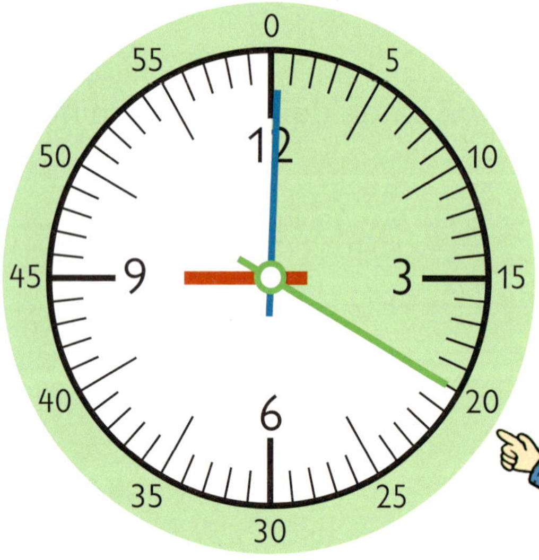

Eine Minute hat 60 Sekunden. In einer Minute dreht sich der Sekundenzeiger einmal um das Zifferblatt.

1 Minute = 60 Sekunden
1 min = 60 s

(4) Schätze zuerst! Miss dann genau!
Wie viele Sekunden dauert es, …

a) … bis du dir die Schuhe gebunden hast?
b) … bis du deinen Namen geschrieben hast?
c) … die Siebenerreihe aufzusagen?
d) … 10 Tiere zu nennen?
e) … einen Stift anzuspitzen?
f) … bis du alle Jungennamen/Mädchennamen der Klasse genannt hast?
g) Finde eigene Beispiele!

4	geschätzt	gemessen
a)	… s	… s
b)		
c)		

1–3 Einheit „Sekunde" kennen lernen;
4 Dauer von Tätigkeiten in Sekunden schätzen und messen (Stoppuhr, Sekundenzeiger Analoguhr)

E▶54 AH▶55 A▶54

Welche Uhrzeiten kannst du ablesen? Schreibe auf!

Sammelt verschiedene Uhren! Vergleicht sie! Lest, wenn möglich, die Uhrzeit ab!

Die Zeit vergeht manchmal schnell und manchmal langsam.

Stimmt das?
Findest du Beispiele dafür?

Stunde, Minute, Sekunde
1 Stunde (h) = 60 Minuten (min)
1 Minute (min) = 60 Sekunden (s)

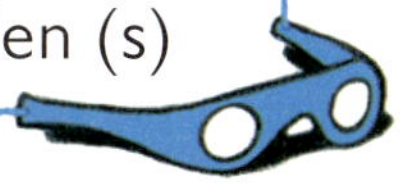

Wie oft? Probiere aus!
Wie oft kannst du …
a) … in einer Minute von 0 bis 20 zählen?
b) … in einer Minute Seil hüpfen?
c) … in 2 Minuten einen Ball prellen?
d) … in 3 Minuten deinen Vornamen aufschreiben?
e) Finde eigene Beispiele!

Wortfamilie „Zeit“

Schulzeit
Freizeit
Jahreszeit
Zeitmaschine
Tageszeit

Suche weitere „Zeitwörter“!

Wie lange dauert es? Miss mit geeigneten Uhren!
a) das ABC aufsagen
b) die Sechserreihe aufschreiben
c) auf einem Bein durch das Klassenzimmer hüpfen
d) die ganze Klasse ist leise
e) dein Schulweg
f) die Hausaufgaben machen
g) dein Zimmer aufräumen

Fallen dir noch weitere Dinge ein? Schreibe auf!

Das Jahr – Monate und Kalender

1

Erzähle!
Wie viele Monate hat das Jahr?
Kennst du die Reihenfolge der Monate?

1 Jahr = 12 Monate

2 Schau dir den Jahreskreis an!
Schreibe die Monate in
der richtigen Reihenfolge auf!
Wie viele Tage haben die Monate?

2)	Monat	Tage
	1. Januar	31
	2. Februar	
	3. März	
	...	

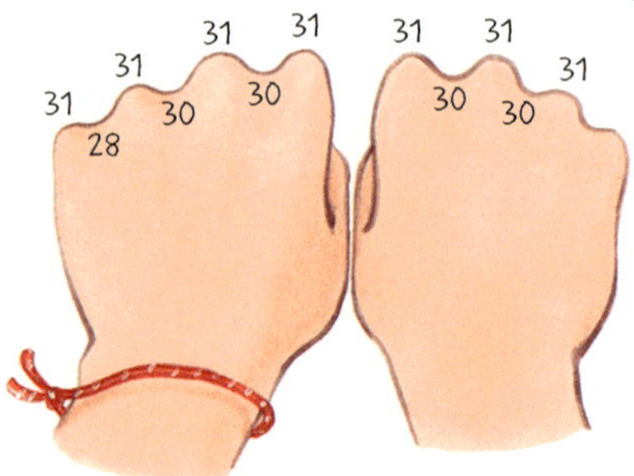

1, 2 ein Jahr hat 12 Monate, Monate in der richtigen Reihenfolge anordnen; Fingerknöchel als Merkhilfe für die Anzahl der Tage der einzelnen Monate kennen lernen

E▸55 AH▸56 A▸55

①

2010

Januar

Mo	Di	Mi	Do	Fr	Sa	So
				1	2	3
4	5	6	7	8	9	10
11	12	13	14	15	16	17
18	19	20	21	22	23	24
25	26	27	28	29	30	31

Februar

Mo	Di	Mi	Do	Fr	Sa	So
1	2	3	4	5	6	7
8	9	10	11	12	13	14
15	16	17	18	19	20	21
22	23	24	25	26	27	28

März

Mo	Di	Mi	Do	Fr	Sa	So
1	2	3	4	5	6	7
8	9	10	11	12	13	14
15	16	17	18	19	20	21
22	23	24	25	26	27	28
29	30	31				

April

Mo	Di	Mi	Do	Fr	Sa	So
			1	2	3	4
5	6	7	8	9	10	11
12	13	14	15	16	17	18
19	20	21	22	23	24	25
26	27	28	29	30		

Mai

Mo	Di	Mi	Do	Fr	Sa	So
					1	2
3	4	5	6	7	8	9
10	11	12	13	14	15	16
17	18	19	20	21	22	23
24	25	26	27	28	29	30
31						

Juni

Mo	Di	Mi	Do	Fr	Sa	So
	1	2	3	4	5	6
7	8	9	10	11	12	13
14	15	16	17	18	19	20
21	22	23	24	25	26	27
28	29	30				

Juli

Mo	Di	Mi	Do	Fr	Sa	So
			1	2	3	4
5	6	7	8	9	10	11
12	13	14	15	16	17	18
19	20	21	22	23	24	25
26	27	28	29	30	31	

August

Mo	Di	Mi	Do	Fr	Sa	So
						1
2	3	4	5	6	7	8
9	10	11	12	13	14	15
16	17	18	19	20	21	22
23	24	25	26	27	28	29
30	31					

September

Mo	Di	Mi	Do	Fr	Sa	So
		1	2	3	4	5
6	7	8	9	10	11	12
13	14	15	16	17	18	19
20	21	22	23	24	25	26
27	28	29	30			

Oktober

Mo	Di	Mi	Do	Fr	Sa	So
				1	2	3
4	5	6	7	8	9	10
11	12	13	14	15	16	17
18	19	20	21	22	23	24
25	26	27	28	29	30	31

November

Mo	Di	Mi	Do	Fr	Sa	So
1	2	3	4	5	6	7
8	9	10	11	12	13	14
15	16	17	18	19	20	21
22	23	24	25	26	27	28
29	30					

Dezember

Mo	Di	Mi	Do	Fr	Sa	So
		1	2	3	4	5
6	7	8	9	10	11	12
13	14	15	16	17	18	19
20	21	22	23	24	25	26
27	28	29	30	31		

Wann hast du Geburtstag?

Das Datum besteht aus:	Tag	Monat	Jahr
lang:	12.	Juli	2010
kurz:	12.	7.	2010

② Schreibe das Datum …

a) … kurz!
16. März 2010
27. Februar 2010
9. Juni 2010
11. Juli 2010
6. Oktober 2010

b) … lang!
17.11.2010
24.12.2010
23.9.2010
12.4.2010
1.1.2010

③ Schreibe den Wochentag und das Datum auf!

a) das Datum von heute
b) das Datum von gestern
c) das Datum von morgen
d) das Datum von nächstem Sonntag

④ Kalenderquiz. Schreibe Fragen zum Kalender auf! Wer weiß die Antwort?

Welcher ist der letzte Tag im Februar?

In welchem Monat haben die meisten Kinder Geburtstag?

⑤ Wahr oder falsch?

Ein Jahr hat 365 Tage.

Der Februar hat 28 Tage.

Es gibt 5 Monate, die 30 Tage haben.

Juli und August haben je 31 Tage.

Jeder Monat beginnt mit einem Montag.

Manche Jahre haben 13 Monate.

1 den eigenen Geburtstag im Kalender finden, Wochentag dazu benennen; Bestandteile des Datums kennen lernen; **2, 3** das Datum schreiben; **4** ein Kalenderquiz entwickeln und spielen; **5** Aussagen zum Kalender auf ihren Wahrheitsgehalt prüfen

E▸55 AH▸56 A▸55

① Die Klassen 2a und 2b gehen ins Schwimmbad.

Klasse	Kinder
2a	25
2b	27

Das weiß ich schon:

Klasse 2a: 25 Kinder
Klasse 2b: 27 Kinder

Das will ich wissen:

Wie viele Kinder sind es insgesamt?

So finde ich das heraus:

__ + __ = __

Das weiß ich jetzt:

Insgesamt sind es __ Kinder.

1) Wie viele Kinder sind es insgesamt?

25 + 27 = …

Insgesamt sind es … Kinder.

②

Das weiß ich schon:

Ankommen: 9.05 Uhr
Weggehen: __ Uhr

Das will ich wissen:

Wie lange …

So finde ich das heraus:

__ Uhr $\xrightarrow{+\ \_\_\ \text{min}}$ __ Uhr

Das weiß ich jetzt:

Die Kinder waren …

2) Wie lange …

… Uhr $\xrightarrow{+\ \dots}$ …

Die Kinder …

1, 2 Muster zum Lösen von Sachaufgaben wiederholen

(1) Im Sommer öffnet das Freibad um 8.00 Uhr.
Es schließt um 21.00 Uhr.

(2) Der Bademeister hat 63 Schwimmbretter zum Verleihen.
Alle Kinder der Klasse 2b leihen eines.

(3) 35 Kinder nehmen am Wettschwimmen teil.
7 Eltern sehen zu.
Die Kinder verteilen sich gleichmäßig
auf die 5 Startblöcke.

(4) Das Schwimmbecken ist 25 m lang und 10 m breit.

a) Ali schwimmt 4 lange Bahnen.

b) Lena schwimmt eine Runde am Rand entlang.

c) Max schwimmt 3-mal die kurze Bahn.

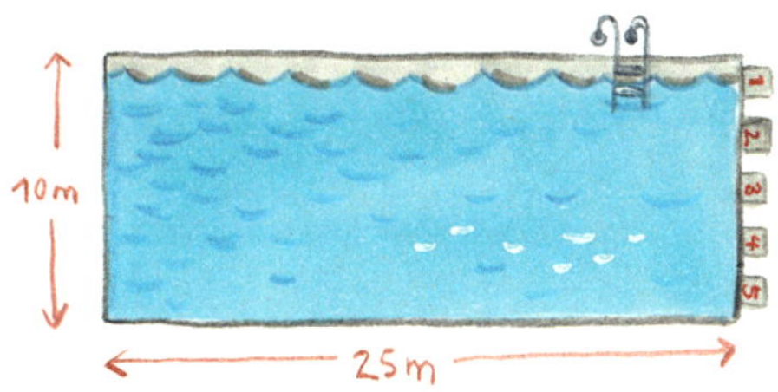

(5) Maria und Tim tauchen nach Ringen.
Maria holt 3-mal 5 Ringe nach oben.
Tim holt 4-mal 3 Ringe.

(6) Am Staffelschwimmen nehmen 24 Kinder teil.
Es werden 4 Gruppen gebildet.

(7) Schreibe eigene Rechengeschichten!

Projekt: Haustiere

Oma will Marie und Alex ein Haustier schenken.
Marie wünscht sich einen Hund. Alex möchte eine Katze.
Es gibt viel zu bedenken.

Zoohaus Müller
Zubehör für Ihren Hund

Leine & Halsband	19 €
Futternapf	7 €
Trinknapf	5 €
Spielzeug-Set	9 €
Schlafkorb	ab 28 €

Tierhandlung Kratz
Zubehör für eine glückliche Katze

Kratzbaum	ab 25 €
Napf	3 €
Spielset „Happy Cat"	8 €
Katzentoilette	15 €
Schlafdecke	9 €
Transport-Korb	13 €

Zusätzliche Kosten im Monat

Hund		Katze	
Futter	etwa 40 €	Futter	etwa 20 €
Steuer	etwa 5 €	Katzenstreu	etwa 8 €
Versicherung	etwa 10 €		

Tierarzt?

dargestellte Situation erfassen, erklären; Informationen entnehmen; evtl. Fragen finden

E▶57 AH▶58 A▶57

(1) Wie viel kostet das Zubehör für einen Hund?
Wie viel für eine Katze?

---

(2) Hund und Katze kosten jeden Monat Geld.

a) Berechne die zusätzlichen Kosten im Monat für jedes Tier!

b) Vergleiche die Kosten für Hund und Katze!

---

(3) Ein Tier braucht Zeit.

Hund
- Ein Hund kann höchstens 5 Stunden am Tag allein bleiben.
- Mindestens 3-mal am Tag für 1 Stunde spazieren gehen.
- Für Pflege, Spielen und Streicheln etwa 1 Stunde einplanen.

Katze
- Eine Katze kann längere Zeit allein bleiben. Eine Wohnungskatze freut sich dann über eine 2. Katze als Spielgefährtin.
- Pflege, Spielen und Streicheln: etwa 50 Minuten am Tag.
- Täglich die Katzentoilette säubern (10 min).
- 1-mal pro Woche Toilette gründlich reinigen (1 h).

a) Wie viel Zeit benötigt man für jedes Tier am Tag?
Wie viel in einer Woche?

(b) Welches Tier würdest du der Familie von Marie und Alex empfehlen?

---

(4) Informiere dich über dein Lieblingstier!
Male und schreibe dazu!
Macht eine Ausstellung in eurer Klasse!

①

a) Die Klasse 2a hat in ihrer Klasse eine Umfrage zum Thema „Frühstück" durchgeführt.
Was kannst du aus dem Schaubild ablesen?

b) Führt auch in eurer Klasse diese Umfrage durch und schreibt die Ergebnisse als Strichliste auf!

② Die Kinder der Klasse 2a wollen zusammen ein gesundes Frühstück zubereiten. Sie haben Vorschläge in der Klasse gesammelt.
So sieht das Ergebnis aus:

Lea schreibt so:

Lars schreibt so:

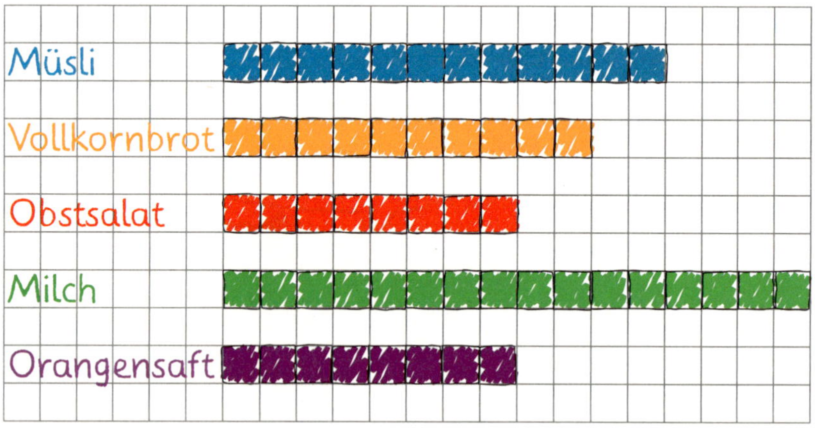

a) Was kannst du aus der Strichliste und dem Schaubild ablesen?

b) Vergleiche die Strichliste und das Schaubild!

c) Wie würde diese Umfrage bei euch in der Klasse aussehen?

③ Überlege dir andere Umfragen (z. B. Ausflug, Hobbys, Haustiere) für deine Klasse und schreibe sie als Strichliste oder als Schaubild auf!

1, 2 Strichlisten und Balkendiagrammen Informationen entnehmen; beide Darstellungen vergleichen;
1–3 eigene Umfragen durchführen, Daten sammeln, Ergebnisse darstellen

E▸58 AH▸59 A▸58

(1) Einige Kinder der Klasse 2a haben sich eigene Umfragen überlegt.
Ali hat seine Ergebnisse in einer Tabelle aufgeschrieben.

Schwimmer und Nichtschwimmer

	2a	2b	zusammen
Schwimmer mit Schwimmabzeichen	8	10	18
Schwimmer ohne Schwimmabzeichen	14	12	
Nichtschwimmer	3		8
zusammen	25	27	

a) Wie viele Nichtschwimmer gibt es in der 2a?
Wie viele Kinder in der 2b haben ein Schwimmabzeichen?
Wie viele Kinder sind in der Klasse 2b?

(b) Wie viele Nichtschwimmer gibt es in der Klasse 2b?
Wie viele Schwimmer ohne Schwimmabzeichen sind es zusammen?
Wie viele Kinder hat Ali befragt?

c) Finde weitere Fragen und Antworten!

(2) Lena hat eine Umfrage zum Thema „Haustiere" gemacht!
Ordne ihre Ergebnisse in einer Tabelle!

Klasse 2a
Hund: 3
Katze: 5
andere Tiere: 6
kein Tier: 11

Klasse 2b
Hund: 4
Katze: 3
andere Tiere: 7
kein Tier: 13

2)		2a	2b	zusammen
	Hund			
	Katze			
	...			

1 der Tabelle Daten entnehmen, fehlende Daten berechnen, eigene Fragen zur Tabelle finden;
2 gesammelte Daten in einer Tabelle übersichtlich darstellen

Viele Möglichkeiten

①

Ali möchte 2 verschiedene Sorten kaufen.
Welche Möglichkeiten hat er? Finde alle!
Male oder zeichne eine Tabelle oder …

② An einem anderen Eisstand gibt es 6 verschiedene Sorten.
Wie viele verschiedene Möglichkeiten hat Ali dort?

③ Alina möchte 3 Kugeln Eis kaufen.
Sie isst gerne die Sorten Erdbeer, Vanille und Schokolade.
Welche Eistüten könnte sie kaufen?
Male oder schreibe oder …

1, 2 Kombination ohne Wiederholung; **3** Kombination mit Wiederholung;
1–3 systematisches Vorgehen beim Finden der Möglichkeiten anregen

E▸59 AH▸60 A▸59

1. Nele hat 2 Karten aus dem Kasten gezogen. Sie legt damit zweistellige Zahlen. Welche dieser Zahlen kann sie legen?

13	3	17	10	4
27	73	7	37	

2. Jede Ziffer liegt nur einmal im Kasten. Nele zieht noch einmal 2 Karten und legt eine Zahl. Die Kinder in der Klasse können die Karten nicht sehen. Sie überlegen:

- Deine Zahl ist kleiner als 20. Maria
- Deine Zahl liegt zwischen 11 und 99. Vedat
- Deine Zahl ist größer als 70. Alena
- Deine Zahl ist größer als 98. Ali
- Deine Zahl ist größer als 11. Naomi
- Deine Zahl ist gerade. Lena
- Deine Zahl heißt 66. Max
- Deine Zahl ist kleiner als 99. Paul
- Deine Zahl ist kleiner als 12. Sina

Welche Kinder beschreiben Ergebnisse, die sicher sind?
Welche Ergebnisse sind möglich?
Welche Ergebnisse sind unmöglich?
Ordne in einer Tabelle!

2)	sicher	möglich	unmöglich
		Maria	Ali

3. Schreibe selbst 3 Aussagen zu Neles Zahl!

a) Was ist ganz sicher?

3a)	Neles Zahl …

b) Was ist möglich?

c) Was ist unmöglich?

1 Welche Zahlen kann Nele legen? **2** verschiedenen Ergebnissen die Begriffe „sicher", „möglich", „unmöglich" zuordnen, Zuordnung begründen; **3** Wahrscheinlichkeit von Ergebnissen einschätzen und begründen

E▸59 AH▸60 A▸59

① Welche Gegenstände haben die Form eines Quaders, eines Würfels, einer Kugel, eines Zylinders?

Quader Würfel Kugel Zylinder

② Notiere Gegenstände, die die Form eines Quaders, eines Würfels, einer Kugel oder eines Zylinders haben!

2a)	Quader:	Milchpackung, …
	Würfel:	Zettelblock, …
	Kugel:	Ball, …
	Zylinder:	

a) Suche zu Hause!

b) Suche auf deinem Schulweg!

③ Sammelt leere Verpackungen!

a) Baut damit!

b) Gestaltet eine Ausstellung!

1, 2 geometrische Körper in Alltagsgegenständen wiedererkennen; **3** Verpackungen nach ihrer Form sortieren, Eigenschaften der Formen beim Bauen erfahren

E▸60 AH▸61 A▸60

① Baue einen Würfel und einen Quader!
Benutze Trinkhalme oder Holzstäbchen
und Kügelchen aus Knete!
Wie viele Trinkhalme/Stäbchen und
wie viele Kügelchen brauchst du?

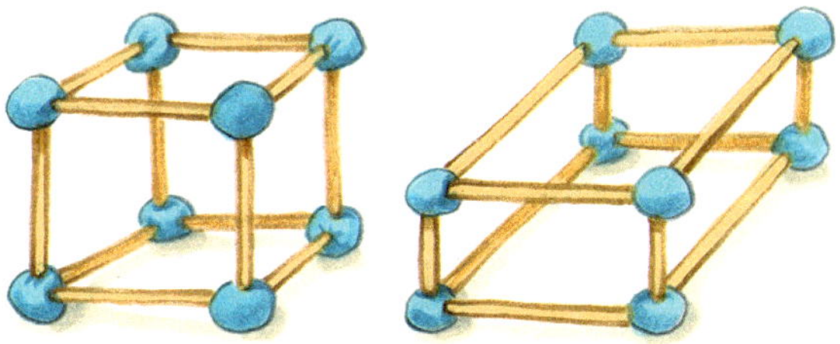

②

a) Wie viele Abdrücke gibt es beim Quader?
Welche Form haben sie?

b) Wie sehen die Abdrücke beim Würfel aus?

ⓒ Welche Abdrücke hinterlässt der Zylinder?

③

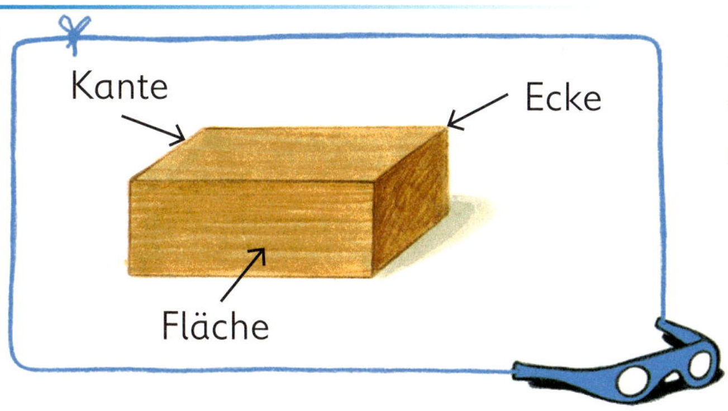

Zeige Ecken, Flächen und Kanten
am Würfel, am Quader,
am Zylinder und an der Kugel!

④ Welcher Körper kann es sein? Finde eigene Rätsel!

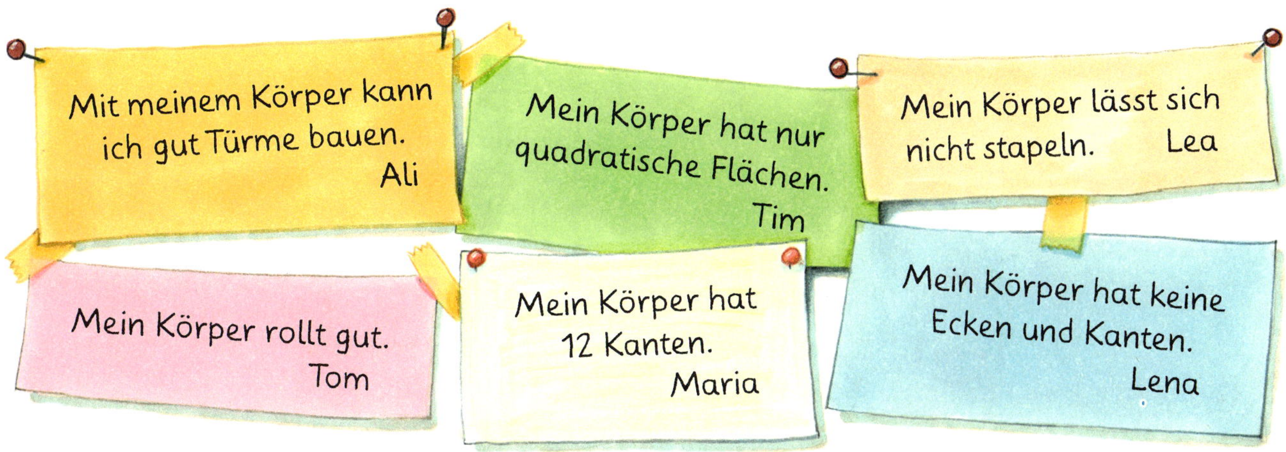

1 Kantenmodelle von Quader und Würfel bauen, Anzahl der Halme (Kanten) und Kügelchen (Ecken) zählen;
2 Abdrücke der Seitenflächen von Quader, Würfel und Zylinder untersuchen;
E▸60 AH▸61 A▸60 3, 4 Begriffe „Ecke", „Kante" und „Fläche" kennen lernen und anwenden

Würfelbauten

① Wie viele Würfel sind es?
Zähle! Baue zur Kontrolle nach!

a)

b)

ⓒ

②

Bauplatz

Gebäude

2	2	3
1		1

Bauplan

Baue nach diesen Bauplänen!

a)

2	2	2
1	2	1
1	2	1

b)

2	2	2
2	3	2
1		1

c)

1	1	1	1
1	2	2	1
1	2	2	1
1	1	1	1

d)

3	4	4	3
2	3	3	2
1	2	2	1
	1	1	

③ Baue nach! Betrachte von allen Seiten!
Wer hat welche Ansicht gemalt?

3) Naomi: ...

A

B

C

D

1–3 Übungen zur Raumwahrnehmung; **3** räumliches Vorstellungsvermögen trainieren, Gebäude muss im Kopf gedreht werden

E▸61 AH▸62 A▸61

(1) Schreibe zu jedem Gebäude einen Bauplan!

a)

b)

c)

(2) Immer 2 Teile ergeben einen großen Würfel.
Ordne zu!
Ein Teil bleibt übrig.

A

B

C

D

E

F

G

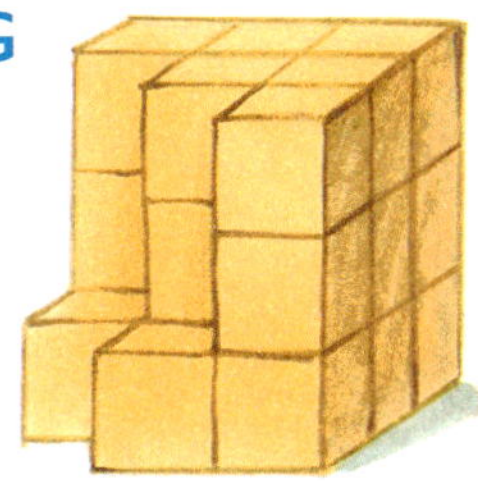

(3) Baue ein Gebäude aus höchstens 20 Würfeln!
Dein Partner darf es nicht sehen.
Beschreibe dein Gebäude!
Dein Partner baut nach.

1, 2 Übungen zur Raumwahrnehmung; **3** räumliche Orientierung trainieren, genaues Beschreiben üben

E▸61 AH▸62 A▸61

Massen vergleichen

① Vergleiche die Gegenstände!

ist leichter als | ist schwerer als | sind gleich schwer

② Baue eine Bügelwaage!
Probiere aus! Was ist etwa so schwer wie …

a) … dein Bleistift?
b) … dein Radiergummi?
c) … ein 5-Cent-Stück?

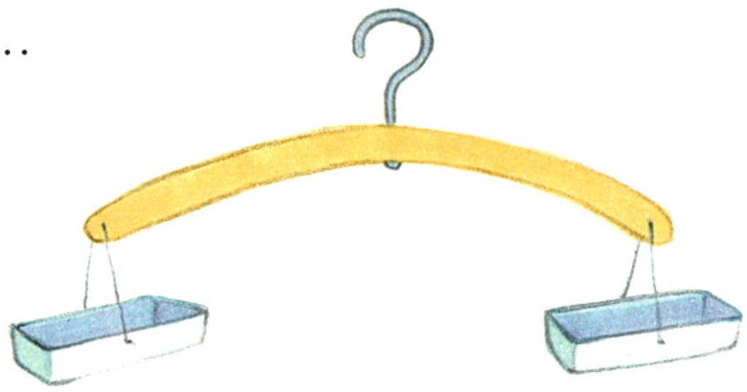

③ Verschiedene Waagen

Tafelwaage

Briefwaage

Balkenwaage

Küchenwaage

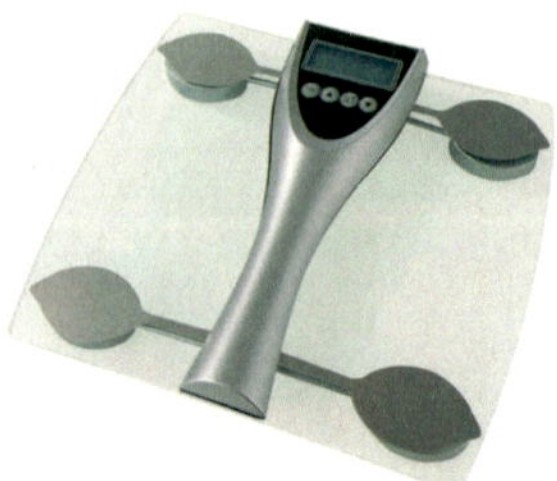

Personenwaage

1 Gegenstände bezüglich ihrer Masse vergleichen; 2 eine Bügelwaage bauen und erproben; 3 unterschiedliche Waagen kennen lernen E▸62 AH▸63 A▸62

Kilogramm und Gramm

① Messen in Kilogramm und Gramm

Eine Tüte Zucker ist 1 Kilogramm (1 kg) schwer.	Eine Büroklammer ist etwa 1 Gramm (1 g) schwer.	Eine Tafel Schokolade ist 100 Gramm (100 g) schwer.

② Ordne zu!

2)	1 kg	1 g	100 g
	...		

1 kg 1 g 100 g

③ Wie schwer?

a) Notiere das Gewicht der Kinder!
b) Ordne die Kinder nach ihrem Gewicht!

3 a)	Name	Gewicht

1 Kilogramm und Gramm, Repräsentanten für 1 kg, 100 g, 1 g kennen lernen; **2** Größenvorstellungen entwickeln;
E▸62 AH▸63 A▸62 **3** der Zeichnung das Gewicht der Kinder entnehmen, notieren, der Größe nach ordnen

Das kann ich schon!

① Uhrzeiten

a) 
b) 
c) 

Schreibe immer beide Uhrzeiten auf!

② Zeitdauer

a) 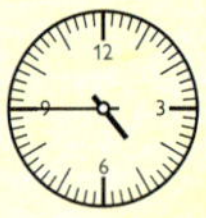 + __ min → 
b) 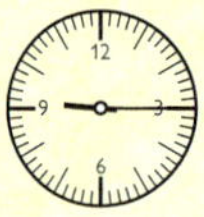 + __ min → 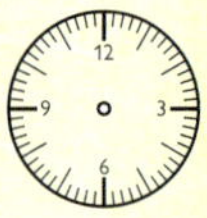

c) 8.30 Uhr + __ min → 9.00 Uhr

d) 17.15 Uhr + __ min → ____ Uhr

Immer bis zur nächsten vollen Stunde!

③ Kalenderrätsel

a) Der Juni hat … Tage.

b) Die Monate … haben mehr als 30 Tage.

c) Ein Jahr hat … Monate.

d) Der letzte Tag im Jahr ist der …

Schreibe die Lösungen auf!

Ich erfinde eigene Rätsel.

④ Das Datum

A Mittwoch, 10. 2. 2010

B Donnerstag, 28. 10. 2010

C Dienstag, 2. 11. 2010

D Sonntag, 26. 12. 2010

Wie heißt das Datum …

a) … vier Tage später?

b) … einen Tag vorher?

4)	A	a)	Sonntag, …
		b)	Dienstag, …

⑤ Körper

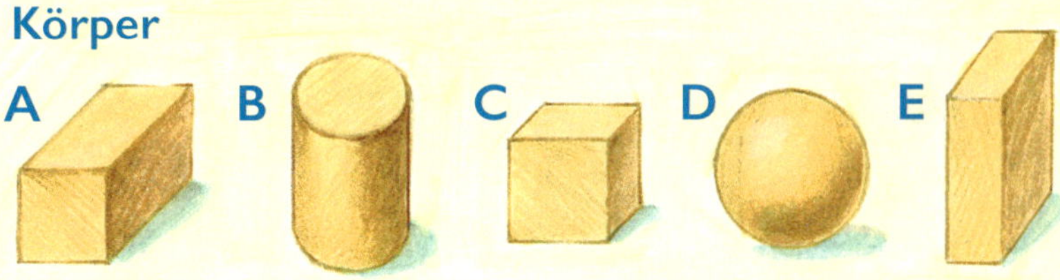

a) Schreibe die Namen der Körper auf!

b) Schreibe Dinge auf, die wie diese Körper aussehen!

1 Uhrzeiten ablesen und notieren; **2** Zeitdauer bis zur nächsten Stunde berechnen; **3** Rätsel zum Kalender; **4** Datum und Wochentag ermitteln; **5** räumliche Grundformen benennen, in der Umwelt wiedererkennen

E▸63 A▸63

① Würfelkörper

A  B 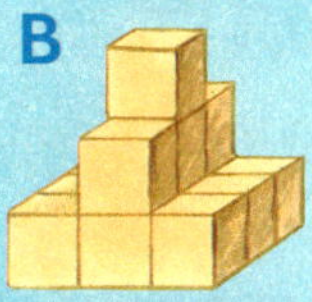 C  D 

1

3	2	1
1	1	
2		

2

3	2	1
1	2	1
1	2	1

3

1	2	1
1	3	1
1	2	1

4

2	3	1
1	1	
2		

a) Wie viele Würfel sind es jeweils?

b) Welcher Bauplan gehört zu welchem Gebäude?

② Sachaufgaben

a) Am Stadtlauf nehmen 72 Kinder teil. Es sind 46 Mädchen am Start.

b) Zum Start werden die Kinder in 8 Gruppen eingeteilt.

Das weiß ich schon:

…

Das will ich wissen:

…

So finde ich das heraus:

…

Das weiß ich jetzt:

…

③ Viele Möglichkeiten

Immer 2 Zutaten auf eine Pizza.

Wie viele verschiedene Möglichkeiten gibt es, eine Pizza zu belegen?

④ Masse

A 

B 

C 

D 

1 1 g   2 100 g   3 1 kg   4 25 kg

Was passt zusammen?

4) A …

1 Anzahlen bei Würfelkörpern herausfinden; Würfelkörper bauen; 2 Schema für Sachrechnen anwenden; 3 kombinatorische Fragestellung lösen; 4 Masseangaben zuordnen

E▸63 A▸63

Rechnen wie Adam Ries

1 

Adam Ries war ein berühmter Rechenmeister, der vor etwa 500 Jahren lebte.
Er leitete Rechenschulen in Erfurt (Thüringen) und Annaberg (Sachsen) und lehrte vielen Menschen das Rechnen.
Adam Ries schrieb die ersten Rechenbücher in deutscher Sprache. Sein erstes Rechenbuch heißt „Rechnen auf den Linien“ und wurde 1518 in Erfurt gedruckt.
Die Rechenbücher von Adam Ries wurden mehr als 100 Jahre lang gern genutzt.

2 Erkläre, wie Zahlen früher gelegt wurden!

3 Lies die Zahlen! Schreibe sie in dein Heft!

a) 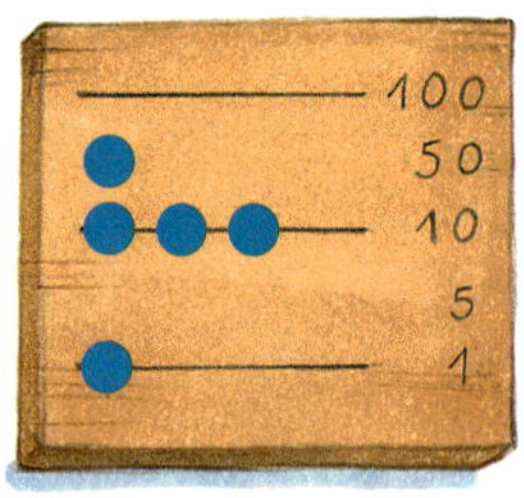

b) 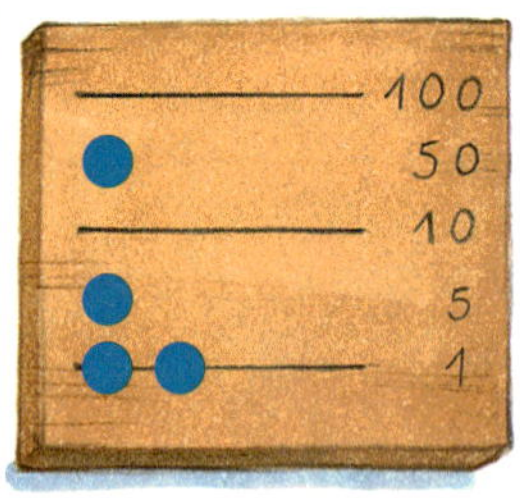

c) 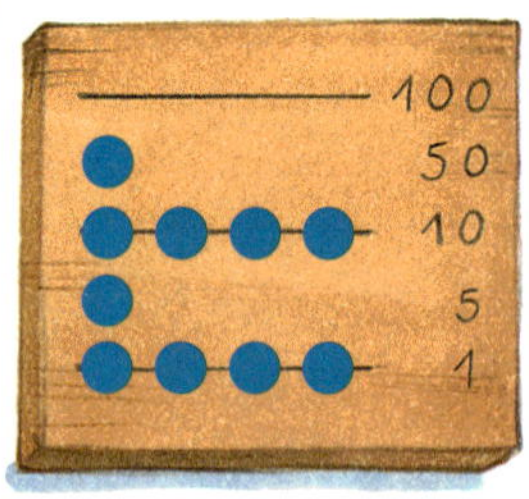

d) 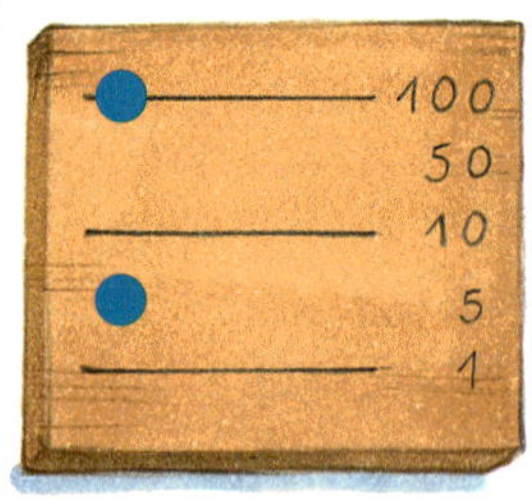

4 Zeichne ein Rechenbrett in dein Heft! Lege Zahlen wie Adam Ries!

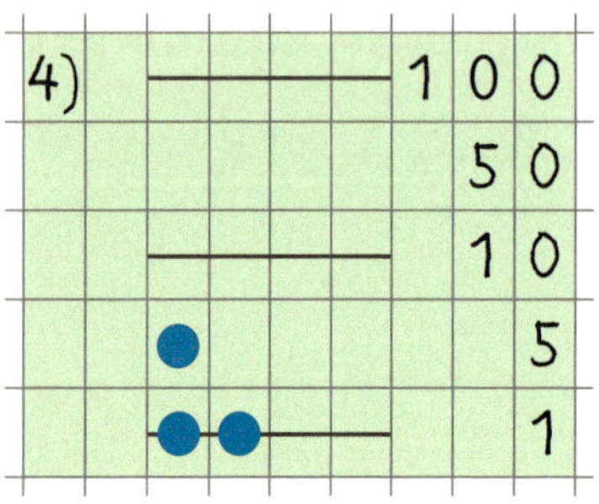

a) 7
16
25

b) 44
78
86

c) Lege eigene Zahlen!
Arbeite mit einem Partner!

1, 2 Informationen entnehmen, darüber sprechen, Prinzip des Rechenbrettes erkennen;
3, 4 Lesen und Darstellen von Zahlen, Bündelung beachten, Partnerarbeit

E▸64, 65 AH▸64, 65 A▸64, 65

Magische Quadrate

1

Adam Ries erklärt in seinem Rechenbuch magische Quadrate. Waagerecht, senkrecht, diagonal – immer die gleiche Summe – die magische Zahl.

Welche Aufgaben findest du noch?
Rechne waagerecht →, senkrecht ↓ und diagonal ✕!

2 Welche Zahlen fehlen?
Finde zuerst heraus, wie die magische Zahl heißt!

a)

3		7
10	6	
5	4	9

b)

5		9
12		4
	6	11

c)

6		10
	9	
8		12

d)

30		34
	33	29
32		

3 Magisches Quadrat – ja oder nein?

a)

13	12	14
11	10	9
6	8	7

b)

4	9	8
11	7	3
6	5	10

c)

24	9	12
3	15	27
18	21	8

d)

12	18	10
7	9	17
21	13	19

4 Magische Quadrate kann man verändern.

2	7	6
9	5	1
4	3	8

$\xrightarrow{\cdot 2}$

4	14	12
18	10	2
8	6	16

$\xrightarrow{+ \_\_}$

a) Ist das neue Quadrat auch ein magisches Quadrat?

b) Vergleiche die magischen Zahlen! Was fällt dir auf?

c) Kannst du auch addieren?

1–3 magische Zahl als Kennzeichen magischer Quadrate;
4 Veränderung magischer Quadrate durch Multiplikation und Addition

E▶64, 65 AH▶64, 65 A▶64, 65

Wiederholen, üben, sichern

Zahlen darstellen

(1) Wie heißen die Zahlen?

a) 

b) 6 Z 4 E

c) 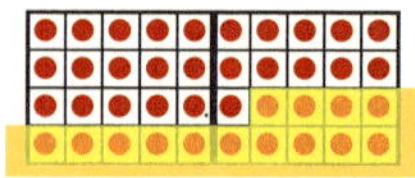

d) 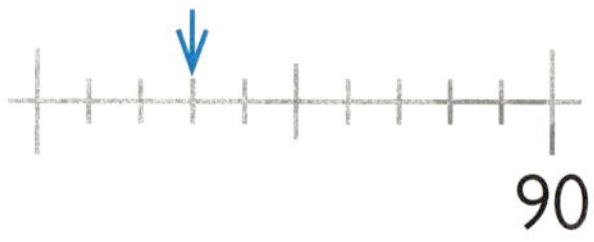

Zahlen ordnen

(2) Ordne der Größe nach: 26, 35, 62, 15, 96, 53, 40, 78

Geschickt rechnen

(3)

a)	b)	c)	d)
48 + 7	93 − 7	35 + 35	68 − 34
38 + 27	93 − 27	26 + 24	82 − 41
56 + 29	85 − 29	43 + 57	74 − 37
48 + 48	73 − 39	31 + 32	52 − 26

Umkehraufgaben

(4) a) 73 − 68 = ___
___ + ___ = ___

b) 52 − 46 = ___
___ + ___ = ___

Aufgabenfamilien

(5) Wähle eine passende Zahl!

Zahlenrätsel

(6)

Meine Zahl ist das Doppelte von 46. Naomi

Bei meinen Zahlen sind Zehner und Einer gleich. Wenn ich meine Zahlen halbiere, erhalte ich gerade Zahlen. Ali

Zahlenmauern

(7) a) 

b) 

Meter – Zentimeter – Millimeter

(8) a) 30 cm + ___ cm = 1 m
60 cm + ___ cm = 1 m
15 cm + ___ cm = 1 m

b) 3 mm + ___ mm = 1 cm
20 mm + ___ mm = 4 cm
50 mm + ___ mm = 8 cm

Messen

(9) 

1–9 das Grundwissen am Ende der 2. Klasse wiederholen und sichern

E▶66 AH▶66 A▶66

Geld

① Wie viel?

a) 

b) 

c) 

Sachrechnen

②

a) Zum Geburtstag geht Jan mit 5 Freunden in den Zirkus.

b) Jan besucht mit seinen Freunden auch die Tierschau. Für alle zusammen kostet es 18 €.

Das weiß ich schon: …

Das will ich wissen: …

So finde ich das heraus: …

Das weiß ich jetzt: …

Uhrzeiten

③ Schreibe immer beide Uhrzeiten auf!

a) 

b) 

c) drei viertel elf

d) zehn nach acht

e) viertel zwei

f) halb vier

g) zwanzig vor fünf

h) zwei Uhr dreißig

Zeitdauer

④ Wie lange dauert es?

1 Zähne putzen

2 Schlafen

3 Hausaufgaben machen

4 Stift anspitzen

A 1 Stunde

B 10 Sekunden

C 10 Stunden

D 3 Minuten

Kilogramm – Gramm

⑤ Wie schwer?

1

2

3

4

A 1 g

B 100 g

C 1 kg

D 26 kg

1–5 das Grundwissen am Ende der 2. Klasse wiederholen und sichern

Von Plusaufgaben zu Malaufgaben

① Was gehört zusammen?

A 7 + 7 + 7 + 7

B 

C 3 · 9

D 

E 27

F 28

G 6 · 4

H 4 · 7

I 

K 9 + 9 + 9

L 24

M 4 + 4 + 4 + 4 + 4 + 4 + 4

Einmaleinsreihen

② a) 3, 6, 9, … b) 7, 14, … c) 9, 18, … d) 6, 12, … e) 8, 16, …

Rechnen mit Kernaufgaben

③ a) 7 · 7 / 5 · 7 / 2 · 7

b) 8 · 9 / 10 · 9 / 2 · 9

c) 4 · 8 / 2 · 8 / 2 · 8

d) 6 · 6 / 5 · 6 / _ · 6

e) 7 · 4 / 5 · 4 / _ · 4

f) 9 · 7 / 10 · 7 / _ · _

Quadratzahlen

④ Schreibe Mal- und Geteiltaufgaben zu jeder Quadratzahl!

a) 81 b) 36 c) 49 d) 16 e) 64 f) 25 g) 9

Aufgabenfamilien

⑤ a) 

b) 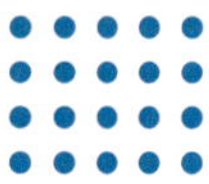

c) Male und schreibe eigene Aufgabenfamilien!

Rechnen in Tabellen

⑥

·	3	4		7	
6					48
4			24		

Tauschaufgaben

⑦ a) 7 · 2 / 2 · 7 b) 6 · 9 / _ · _ c) 8 · 4 / _ · _

Umkehraufgaben

⑧ a) 35 : 5 = __ / __ · 5 = 35 b) 56 : 8 / __ · _ c) 45 : 9 / __ · _

Sachaufgaben

⑨ Auf dem Zeichentisch liegen 32 Wachsmalstifte.
Immer 8 müssen in eine Schachtel geräumt werden.

⑩ 9 Kinder besuchen eine Ausstellung.

a) Eintritt
Kinder: 3 €
Erwachsene: 4 €

b) Immer 3 Kinder machen zusammen eine Rallye.

1–10 das Grundwissen am Ende der 2. Klasse wiederholen und sichern

E▸67 AH▸67 A▸67

Geraden

① Welche Aussagen kannst du zuordnen? Überprüfe!

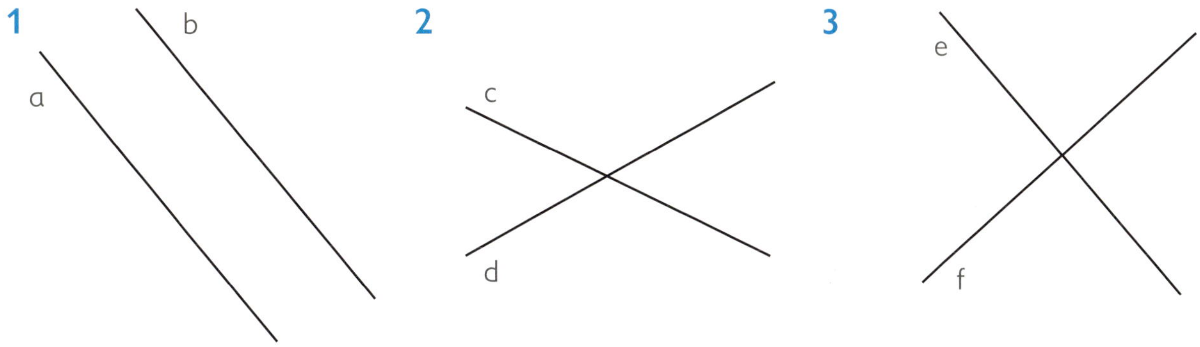

A Die Geraden schneiden sich.

B Die Geraden sind senkrecht zueinander.

C Die Geraden sind parallel zueinander.

D Die Geraden bilden rechte Winkel.

Strecken messen

②

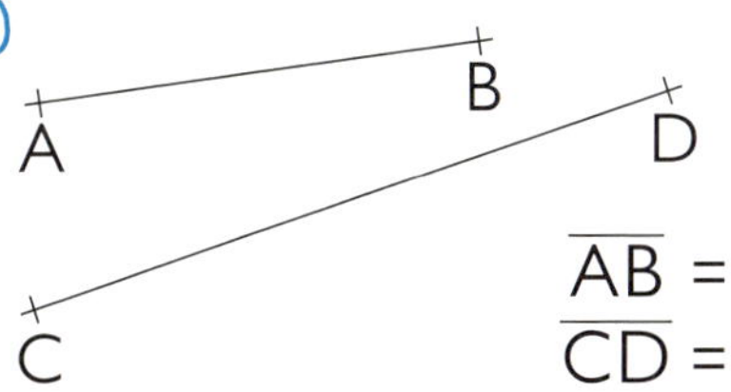

$\overline{AB}$ = ___ mm
$\overline{CD}$ = ___ mm

Geometrische Grundformen

③

Wie heißen die Formen?
Wo findest du sie in deiner Umgebung?

Symmetrie

④ a) Welche Buchstaben sind symmetrisch?
Wo liegt die Spiegelachse?

Z T U V N E F X Y

b) Wie heißen die Wörter?

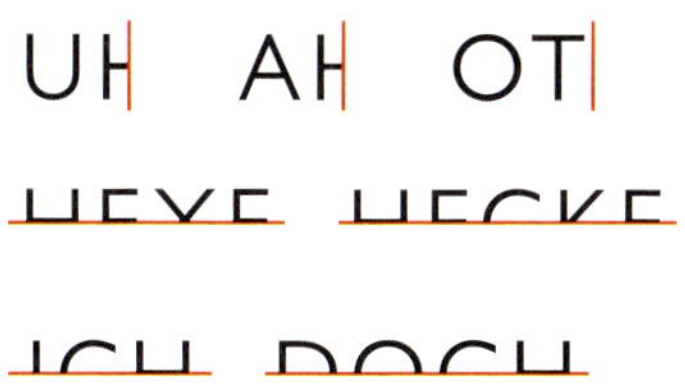

Mit Formen legen

⑤

Körper

⑥ Welcher Körper kann es sein?

a) Er hat keine Ecken.

b) Alle Kanten sind bei ihm gleich lang.

c) Er hat 12 Kanten.

d) Gegenüberliegende Flächen sind gleich.

1–6 das Grundwissen am Ende der 2. Klasse wiederholen und sichern
E▶67 AH▶67 A▶67

Super M
Mathematik für alle
2

Herausgegeben von: Klaus Heinze, Gudrun Hütten, Ursula Manten

Erarbeitet von: Julia Bensel, Heidi Dietz, Matthia Gratzki, Klaus Heinze, Christine Schollmeier-Lulay

Bearbeitet von: Marion Müller (Magdeburg), Antje Pennewitz (Wallhausen), Martina Schiek (Winterstein), Kerstin Silz (Eberswalde), Carmen Sobek (Markkleeberg)

Für Hinweise und beratende Mitwirkung dankt der Verlag: Catrin Elies (Stendal), Heidrun Ertel (Tröbnitz), Roswitha Fischer (Könnern), Ute Göhler (Waldheim), Ines John (Berlin), Angela Otrzonsek (Leipzig), Elke Schlieder (Kriebstein), Silke Schmitz (Eberswalde), Christine Thieme (Grabsleben), Edmund Wallis (Leipzig)

Redaktion: Friederike Thomas, Nadine Marx, Michael Vogt

Illustrationen: Martina Leykamm, weitergeführt von Eve Jacob (S. 3 unten rechts, 18, 54, 79 unten Mitte und rechts, 89, 92 unten, 124 unten, 126, 127, 129 unten, 130, 131 oben rechts, 133 unten), Dorothee Mahnkopf (Super M), Maja Bohn

Layoutkonzept: hawemannundmosch

Layout und technische Umsetzung: Jana Faust, Berlin, tiff.any, Berlin

Umschlaggestaltung: Ines Schiffel

Bildredaktion: Peter Hartmann, Susanne Knipper

Bildnachweis: Artothek Weilheim, © VG Bild-Kunst, Bonn, 2009 (Wassily Kandinsky, Spitzen im Bogen, 1927, 64,4 x 49,5 cm, Privatbesitz Seidler, München): 90.1; Bauwerk Parkett, Bodelshausen: 55.2; Cornelsen Verlagsarchiv, Berlin: 19.3, 20.2, 52.1-6, 55.1/3, 88.1-13, 91.2/4, 110.1-6, 111.1-3/5, 126.1-5, 130.1; BildART Volker Döring, Hohenneuendorf: 19.1; Gundula Friese, Berlin: 91.6; Matthia Gratzki, Wallenhorst: 10.1/2, 58.5-7, 59.1/3-5/7-8, 61.1-5, 67.1; Peter Hartmann, Potsdam: 91.5; Juniors Bildarchiv, Ruhpolding: 116.2; Juniors Bildarchiv/M. Wegler: 116.1; Helga Lade Fotoagentur, Frankfurt am Main: 20.3; Ursula Manten, Aachen: 78.7; Jens-Uwe Mertens, Berlin: 59.2, 71.1-3, 72.1; Antje Pennewitz, Sangerhausen: 59.6, 122.1; picture-alliance/JTimages/ Burckhard Jüttner: 91.1; pixelio.de/Karl-Heinz Gottschalk-goka: 20.1; pixelio.de/Uwe Steinbrich: 111.4; PROFIL Fotografie Marek Lange, Berlin: 35.1, 70.1-6, 78.1-6/8; René Sutthoff, Wallenhorst: 58.1-4/8, 60.1, 62.1, 63.1-4, 66.1, 76.1-5; The Ivy Press Ltd, 2003. 1000 Patterns/Ornaments: 91.3; Michael Vogt, Dresden: 11.1-6; Peter Wirtz, Dormagen: 64.1-2, 71.4-6

Bestandteile des Lehrwerks Super M für das 2. Schuljahr

Schülerbuch 2 mit Kartonbeilagen	978-3-06-082381-9
Arbeitsheft 2	978-3-06-082382-6
Arbeitsheft 2 mit CD-ROM	978-3-06-082433-5
Einstiege/Aufstiege 2	
Arbeitsblätter zur Differenzierung	978-3-06-082383-3
Handreichungen für den Unterricht	
mit Lehrermagazin	978-3-06-082434-2
Kopiervorlagen mit CD-ROM	978-3-06-082435-9
Im Paket:	
Handreichungen für den Unterricht mit	
Lehrermagazin und Kopiervorlagen	
mit CD-ROM	978-3-06-082436-6

www.cornelsen.de

1. Auflage, 1. Druck 2009

Alle Drucke dieser Auflage sind inhaltlich unverändert
und können im Unterricht nebeneinander verwendet werden.

Druck: Druckhaus Berlin-Mitte GmbH

ISBN 978-3-06-082381-9

Inhalt gedruckt auf säurefreiem Papier aus nachhaltiger Forstwirtschaft.